地域气候适应型绿色公共建筑设计研究丛书　丛书主编　崔愷

Design Guidelines for Green Public Buildings in Severe Cold Zone

适应严寒气候的绿色公共建筑设计导则

付本臣　罗鹏　主编

冷红　董慰　张文　副主编

哈尔滨工业大学建筑设计研究院
中国建筑设计研究院有限公司
哈尔滨工业大学
编著

中国建筑工业出版社

U0178017

图书在版编目（CIP）数据

适应严寒气候的绿色公共建筑设计导则 = Design
Guidelines for Green Public Buildings in Severe
Cold Zone / 哈尔滨工业大学建筑设计研究院，中国建筑
设计研究院有限公司，哈尔滨工业大学编著；付本臣，
罗鹏主编.—北京：中国建筑工业出版社，2021.12
（地域气候适应型绿色公共建筑设计研究丛书 / 崔
愷主编）
ISBN 978-7-112-26475-9

Ⅰ.①适… Ⅱ.①哈… ②中… ③付… ④罗… Ⅲ.
①气候影响—公共建筑—生态建筑—建筑设计—研究
Ⅳ.①TU242

中国版本图书馆CIP数据核字（2021）第163552号

丛书策划：徐　冉　　责任编辑：何　楠　徐　冉　陆新之
书籍设计：锋尚设计　　责任校对：芦欣甜

地域气候适应型绿色公共建筑设计研究丛书
丛书主编　崔愷

适应严寒气候的绿色公共建筑设计导则

Design Guidelines for Green Public Buildings in Severe Cold Zone

哈尔滨工业大学建筑设计研究院　中国建筑设计研究院有限公司　哈尔滨工业大学　编著
付本臣　罗　鹏　主编
冷　红　董　慰　张　文　副主编
*
中国建筑工业出版社出版、发行（北京海淀三里河路9号）
各地新华书店、建筑书店经销
北京锋尚制版有限公司制版
北京富诚彩色印刷有限公司印刷
*
开本：889毫米×1194毫米　横1/20　印张：11　字数：267千字
2021年10月第一版　　2021年10月第一次印刷
定价：**109.00**元
ISBN 978-7-112-26475-9
　　　（37987）

丛书编委会

丛书主编

崔 愷

丛书副主编

（排名不分前后，按照课题顺序排序）

徐 斌　孙金颖　张 悦　韩冬青　范征宇　常钟隽

付本臣　刘 鹏　张宏儒　倪 阳

工作委员会

王 颖　郑正献　徐 阳

丛书编写单位

中国建筑设计研究院有限公司

清华大学

东南大学

西安建筑科技大学

中国建筑科学研究院有限公司

哈尔滨工业大学建筑设计研究院

上海市建筑科学研究院有限公司

华南理工大学建筑设计研究院有限公司

《适应严寒气候的绿色公共建筑设计导则》

哈尔滨工业大学建筑设计研究院
中国建筑设计研究院有限公司　编著
哈尔滨工业大学

主编

付本臣　罗　鹏

副主编

冷　红　董　慰　张　文

主要参编人员

李玲玲　张　宇　赵　希　袁　青　董　禹　曹　颖　徐　斌　李东哲　孙金颖　王太洋
李姝媛　梁　帅　安　淇　王　昊　徐　尧　曾献麒　李岳宸　曾尔力　李丰婧　杨雨青
郭　冉　赵　妍　肇禹然　曹斯媛　刘文文　聂雨馨　曲继萍　马雪岩　张钰佳　赵家璇
王如月　王轩宇　何　艺　翟宇萌　周楚颜　黄怡欣　赵慧敏　邹纯玉　董　鑫　姚　金
栾佳艺　李泓锐　张东禹　李思瑶　温玉央　翟建宇　高　伟　许晟凡　李亚辉　曲涵嘉
张雪瑶　殷海立　赫兰秀

2021年4月15日，"江苏·建筑文化大讲堂"第六讲在第十一届江苏省园博园云池梦谷（未来花园）中举办。我站在历经百年开采的巨大矿坑的投料口旁，面对一年多来我和团队精心设计的未来花园，巨大的伞柱在波光下闪闪发亮，坑壁上层层叠叠的绿植花丛中坐着上百名听众，我以"生态·绿色·可续"为主题，讲了我对生态修复、绿色创新和可持续发展的理解和在园博园设计中的实践。听说当晚在网上竟有超过300万的点击率，让我难以置信。我想这不仅仅是大家对园博会的兴趣，更多的是全社会对绿色生活的关注，以及对可持续发展未来的关注吧！

的确，经过了2020年抗疫生活的人们似乎比以往任何时候都更热爱户外，更热爱健康的绿色生活。看看刚刚过去的清明和五一假期各处公园、景区中的人山人海，就足以证明人们对绿色生活的追求。因此城市建筑中的绿色创新不应再是装点地方门面的浮夸口号和完成达标任务的行政责任，而应是实实在在的百姓需求，是建筑转型发展的根本动力。

近几年来，随着习近平总书记对城乡绿色发展的系列指示，国家的建设方针也增加了"绿色"这个关键词，各级政府都在调整各地的发展思路，尊重生态、保护环境、绿色发展已形成了共同的语境。

"十四五"时期，我国生态文明建设进入以绿色转型、减污降碳为重点战略方向，全面实现生态环境质量改善由量变到质变的关键时期。尤其是2021年4月22日在领导人气候峰会上，国家主席习近平发表题为"共同构建人与自然生命共同体"的重要讲话，代表中国向世界作出了力争2030年前实现碳达峰、2060年前实现碳中和的庄严承诺后，如何贯彻实施技术路径图是一场广泛而深刻的经济社会变革，也是一项十分紧迫的任务。能源、电力、工业、交通和城市建设等各领域都在抓紧细解目标，分担责任，制定计划，这成了当下最重要的国家发展战略，时间紧迫，但形势喜人。

面对国家的任务、百姓的需求，建筑师的确应当担负起绿色设计的责任，无论是新建还是改造，不管是城市还是乡村，设计的目标首先应是绿色、低碳、节能的，创新的方法就是以绿色的理念去创造承载新型绿色生活的空间体验，进而形成建筑的地域特色并探寻历史文化得以传承的内在逻辑。

对于忙碌在设计一线的建筑师们来说，要迅速跟上形势，完成这种转变并非易事。大家习惯了听命于建设方的指令，放弃了理性的分析和思考；习惯了形式的跟风，忽略了技术的学习和研究；习惯了被动的达标合规，缺少了主动的创新和探索。同时还有许多人认为做绿色建筑应依赖绿色建筑工程师帮助对标算分，依赖业主对绿色建筑设备设施的投入程度，而没有清楚地认清自己的责任。绿色建筑设计如果不从方案构思阶段开始就不可能达到"真绿"，方案性的铺张浪费用设备和材料是补不回来的。显然，建筑师需要改变，需要学习新的知识，需要重新认识和掌握绿色建筑的设计方法，可这都需要时间，需要额外付出精力。当绿色建筑设计的许多原则还不是"强条"时，压力巨大的建筑师们会放下熟练的套路方法认真研究和学习吗？翻开那一本本绿色生态的理论书籍，阅读那一套套相关的知识教程，相信建筑师的脑子一下就大了，更不用说要把这些知识转换成可以活学活用的创作方法了。从头学起的确很难，绿色发展的紧迫性也容不得他们学好了再干！他们需要的是一种边干边学的路径，是一种陪伴式的培训方法，是一种可以在设计中自助检索、自主学习、自动引导的模式，随时可以了解原理、掌握方法、选取技术、应用工具，随时可以看到有针对性的参考案例。这样一来，即便无法保证设计的最高水平，但至少方向不会错；即便无法确定到底能节约多少、减排多少，但至少方法是对的、效果是"绿"的，至少守住了绿色的底线。毫无疑问，这种边干边学的推动模式需要的就是服务于建筑设计全过程的绿色建筑设计导则。

"十三五"国家重点研发计划项目"地域气候适应型绿色公共建筑设计新方法与示范"（2017YFC0702300）由中国建筑设计研究院有限公司牵头，联合清华大学、东南大学、西安建筑科技大学、中国建筑科学研究院有限公司、哈尔滨工业大学建筑设计研究院、上海市建筑科学研究院有限公司、华南理工大学建筑设计研究院有限公司，以及17个课题参与单位，近220人的研究团队，历时近4年的时间，系统性地对绿色建筑设计的机理、方法、技术和工具进行了梳理和研究，建立了数据库，搭建了协同平台，完成了四个气候区五个示范项目。本套丛书就是在这个系统的框架下，结合不同气候区的示范项目编制而成。其中汇集了部分研究成果。之所以说是部分，是因为各课题的研究与各示范项目是同期协同进行的。示范项目的设计无法等待研究成果全部完成才开始设计，因此我们在研究之初便共同讨论了建筑设计中绿色设计的原理和方法，梳理出适应气候的绿色设计策略，提出了"随遇而生·因时而变"的总体思路，使各个示范项目设计有了明确的方向。这套丛书就是在气候适应机理、设计新方法、设计技术体系研究的基础上，结合绿色设计工具的开发和协同平台的统筹，整合示范项目的总体策略和研究发展过程中的阶段性成果梳理而成。其特点是实用性强，因为是理论与方法研究结合设计实践；原理和方法明晰，因为导则不是知识和信息的堆积，而是导引，具有开放性。希望本项目成果的全面汇集补充和未来绿色建筑研究的持续性，都会让绿色建筑设计理论、方法、技术、工具，以及适应不同气候区的各类指引性技术文件得以完善和拓展。最后，是我们已经搭出的多主体、全专业绿色公共建筑协同技术平台，相信在不久的将来也会编制成为App，让大家在电脑上、手机上，在办公室、家里或工地上都能时时搜索到绿色建筑设计的方法、技术、参数和导则，帮助建筑师作出正确的选择和判断！

当然，您关于本丛书的任何批评和建议对我们都是莫大的支持和鼓励，也是使本项目研究成果得以应用、完善和推广的最大动力。绿色设计人人有责，为营造绿色生态的人居环境，让我们共同努力！

崔愷

2021年5月4日

　　始自20世纪中叶生态建筑概念的提出，历经20世纪七八十年代两次能源危机，能源安全逐渐受到各国政府的高度关注。在此背景下，不同国家和地区的绿色建筑理论研究和实践探索不断发展。20世纪末以来，中国绿色建筑事业在政府、学界、行业和社会的共同努力下，已经在理论、技术、法规、标准、产品及应用实践诸多方面取得一系列成就，并正在深刻影响着建设领域价值观和实践姿态的积极转变与发展。

　　绿色建筑设计作为实施绿色建筑全过程中的首要环节，对推动绿色建筑高质量发展起着至关重要的作用。结合国家"十四五"规划的发展方向来看，我们亟需围绕高品质绿色建筑设计理论体系的完善、建筑师主导的设计新方法的研究、绿色建筑设计技术的构建，通过全面构建具有中国特色的高品质绿色建筑协同设计系统，以期塑造外延进一步拓展，内涵进一步丰富，品质进一步提升的高品质绿色建筑发展体系，进而促进绿色建筑本土化的实践应用，引领行业的转型升级和城乡建设领域的可持续发展。

　　在此背景下，《适应严寒气候的绿色公共建筑设计导则》（以下简称"本书"）作为"十三五"国家重点研发计划项目"地域气候适应型绿色公共建筑设计新方法与示范"（2017YFC0702300）的成果之一，聚焦高品质绿色建筑设计推动城乡建设高质量发展的研究价值与现实需求，切实推动绿色建筑设计新理念，从建筑设计中的地域气候认知入手，分析气候适应型绿色公共建筑设计的内涵及其面临的突出问题，在设计阶段高效融入绿色策略，为建筑植入先天绿色基因，以期使绿色创新理念、节能减排技术有效落实在建设的源头，从根本上实现绿色建筑的高品质发展。

本书从建筑设计的视角对严寒地区公共建筑设计架构、气候特点、场地设计、建筑设计和技术协同等方面进行了探索与研究，形成了适应严寒气候的多维度协同的设计导则。本书的目的是要引导建筑师以绿色设计的理念和方法做设计，以气候适应性为核心，针对严寒气候区绿色公共建筑防寒、保温、避风、向阳等关键问题，从场地、布局、功能、空间、形体、界面、技术协同等方面，构建了适应严寒气候的绿色公共建筑设计模式。

本书包含"目的""设计控制""设计要点""关键措施与指标""相关规范与研究""典型案例"等部分，形成了多层次、多维度合理化提升绿色建筑设计的系统性指引，每个步骤、每个环节都讲明道理、指明路径、给出方向，期望能有效推动本气候区绿色建筑的高质量发展以及绿色建筑本土化的实践应用，对建筑设计理念和方法的转变与提升、引领行业的转型升级和城乡建设的可持续发展具有一定的积极作用。

本书的编著包含了课题的大量研究成果，同时也汲取了业界专家、学者、建筑师和技术人员的经验和成果，在此表示衷心感谢，并欢迎广大读者给予批评指正。

整体架构与导读

气候

技术协同

F 整体架构与导读
Framework

　　"经过三十年来的快速城市化，中国先后出现了环境污染和能源问题，成为今后经济发展的瓶颈。毫无疑问，当今节能环保绝不再是泛泛的口号，已成为国家的战略和行业的准则。一批批新型节能技术和装备不断创新，一个个行业标准不断推出，兴盛的节能技术和材料产业快速发展，绿色节能示范工程正在不断涌现，可以说从理念到技术再到标准，基本上我国与国际处于同步的发展状况。

　　但这其中也出现了一些问题和偏差，值得警惕。不少人一谈节能就热衷于新技术、新设备、新材料的堆砌和炫耀，而对实际的效果和检测不感兴趣；不少人乐于把节能看作是拉动经济产业发展的机会，而对这种生产所谓节能材料所耗费的能源以及对环境的负面影响不管不顾；不少人满足于对标、达标，机械地照搬条文规定，而对现实条件和问题缺少更务实、更有针对性的应对态度；更有不少人一边拆旧建筑、追求大而无当、装修奢华的时髦建筑，一边套用一点节能技术充充门面。另外，有人对一些频频获奖的绿色示范建筑作后期的检测和评价，据说结论并不乐观，有些比一般建筑的能耗还要高出几倍，节能建筑变成了耗能大户，十分可笑，可悲！"

　　"融入环境是一种主动的态度。面对被动的制约条件，在有形和无形的限制中建立友善的关系并获得生存的空间，达到与环境共生的目的，这是城市有机更新过程中的常态。

　　顺势而为是一种博弈的东方智慧。在与外力的互动中调形、布阵、拓展、聚气，呈现外收内强、有力感、有动势的独特姿态。

　　营造空间是一种对效率和品质的追求。在苛刻的条件下集约功能、放开界面、连通层级、灵活使用、简做精工，创造有活力的新型交互场所。

　　绿色建筑是一种系统性节俭和健康环境的理念和行动，它始于节地、节能、节水、节材、环保的设计路线，终于舒适、卫生、愉悦、健康的新型创新生态环境的建构和运维，追求长效的可持续发展的目标"①

---

① 崔愷. 中国建筑设计研究院有限公司创新科研楼设计展序言 [Z]. 北京：中国建筑设计研究院有限公司，2018.

Framework

[概述]

在生态文明建设大发展的背景下，设计绿色、低碳、循环、可持续的建筑，是当代建筑师的责任和使命。

建筑外部空间的场地微气候环境与区域或地段局地微气候乃至自然环境的地区性气候，是空间开放连续的气候系统，具有直接物质与能量交换的相对平衡。建筑内部空间的室内微气候环境，由建筑外围护结构为主的气候界面与外部实现明确区分，通过建筑主动或被动体系的调节，实现了建筑室内空间的相对封闭独立的气候系统塑造以及内部空间与外部环境的有机互动。因此，应依据所在气候区与相应气候条件的不同，按照对自然环境要素趋利避害的基本原则，选择合适的设计策略。无论室外微气候还是室内人工气候，均应根据其适应自然环境所需的程度不同，选择利用、过渡、调节或规避等差异化策略，实现最小能耗下的最佳建成环境质量。在建筑本体的布局、功能、空间、形体与界面等层面，寻求适应与应对室外不利气候的最大化调节，再辅助以机电设备的调节，从而实现节能、减排与可持续发展。

建筑本体设计在与地域气候要素的互动中，也将使得城市、建筑找回地域化的特色，进一步拓展建筑创作的领域与空间。

本书探讨的气候适应型建筑设计新方法，是走向绿色建筑、实现低碳节能的重要途径。20世纪初的现代主义建筑运动强调"形式追随功能"，伴随着同时期的工业革命，空调和电灯等众多工业产品的发明，使人们摆脱了地域气候的束缚，形成了放之四海而皆准的"国际式"。也渐渐使建筑设计脱离了所在的地域文化，"千城一面"的现象由此形成。同时，对机电设备及技术的过度依赖，甚至崇拜，导致大量建筑能耗惊人。全社会的工业化使得地球圈范围内发生了气候与能源危机。

相较于"形式追随功能"的现代主义思想，基于气候问题愈演愈烈的今天，在当下生态文明时代的建筑设计工作中，我们强调"形式适应气候"，并主张以此为重要出发点的理性主义的建筑设计态度。

建筑师先导

建筑设计的全过程中，建筑师具有跨越专业领域的整体视角，能够充分平衡设计输入条件与建筑成果需求之间的关系。建筑师在面对复杂的气候条件与各异的功能需求时，应综合权衡，形成最佳的整体技术体系。应注重建筑系统的自我调节，充分结合气候条件、建筑特点、用能习惯等特征，达到降低能耗、提高能效的目的。

建筑师的职责决定了其在气候适应型绿色公共建筑设计中的核心作用。建筑设计灵感源自对基地现场特有环境的呼应，以及主客观要素的掌握。建筑师应具备将其对场域的感受转化成形态的能力。

建筑师应有从建筑的可行性研究开始到建设运维，全程参与并确保设计创意有效落地及绿色设计目标实现的协调把控力。

在建筑设计引领绿色节能设计工作中，建筑师占据主导性地位，结构、机电等其他专业在建筑设计工作中起协同性的作用。建筑师首先要树立引导意识，充分发挥建筑专业的特点，在建筑设计全过程中，发挥整体统筹的重要作用。绿色建筑设计的工作重心应该由以往重结果、轻过程，重技术、轻设计的末端控制转为全过程控制，从场地即开始绿色设计，而不是方案确定后，由扩初阶段才开始进行对标式绿色建筑设计。

建筑师视角的绿色公共建筑设计，是将建筑视为环境中的开放系统，而非割裂的独立单元。本书所探讨的气候适应型建筑设计新方法，主张以建筑本体设计为主导的设计方法来推进绿色公共建筑的设计，挖掘建筑本体所应有的环境调控作用，探讨场地、布局对周边环境及内部使用者的影响，研究功能、空间、形体、界面与环境要素之间的转换路径。建筑师应从多个维度综合思考，从选址、土地使用、规划布局等规划层面，到功能组织、空间设计、形体设计、材料使用、围护结构等建筑层面的环节，同时考虑其他相关专业的气候适应性协同要点。鼓励重新定位专业角色，倡导建筑师在性能模拟与建筑设计协同工作中发挥核心能动作用，并在设计全流程中贯穿气候适应性设计理念，引导多主体、全专业参与协作，共同成为绿色建筑设计的社会和经济价值的创造者，逐步推进绿色建筑设计理念的落地。

本体设计优先，设备辅助协同

以建筑本体设计特点实现气候适应性设计，是实现绿色建筑设计的重要途径。绿色建筑设计主张以空间形态为核心，结构、构造、材料和设备相互集成。建筑形态是建筑物内外呈现出的几何状态，是建筑内部结构与外部轮廓的有机融合。建筑形态在气候适应性方面具有重要作用，是建筑空间和物质要素的组织化结构，从基本格局上建立了空间环境与自然气候的性能调节关系。被动式设计策略则进一步增强了这种调节效果。在必要的情况下，主动式技术措施用于弥补、加强被动手段的不足。然而，公共建筑设计中建筑本体的绿色策略往往被忽视，转而更多依赖主动式设备调节。过度着眼于设备技术的能效追逐，掩盖了建筑整体高能耗的事实，这正是导致建筑能耗大幅攀升的重要缘由。不同气候区划意味着不同的适应性内涵与模式。不同气候区不同的空间场所及其组合形态形成了自然气候与建筑室内外空间的连续、过渡和阻隔，由此构成了气候环境与建筑空间环境的基本关系。在这种关系的建构中，以空间组织为核心的整体形态设计和被动式气候调节手段必须被重新确立，并得到优化和发展。

要实现真正健康且适宜的低能耗建筑设计，还是要回到建筑设计本体，通过建筑空间形态设计，在不增加能耗成本的情况下，合理布局不同能耗的功能空间，为整体降低建筑能耗提供良好的基础。在这种情况下，主动式设备仅用于必要的区域，实现室内环境对于机械设备调节依赖性的最小化。根据建筑所处的气候条件，针对主要功能空间的使用特点，在建筑设计中利用低性能和普通性能空间的组织，来为主要功能空间创造更好的环境条件。建筑空间形态不仅是视觉美学的问题，更是会影响建筑性能的大问题，好的空间形态首先应该是绿色的。

以"形式适应气候"为特征的公共建筑的气候适应性设计谋求通过建筑师的设计操作，创造出能够适应不同气候条件，建立"人、建筑、气候"三者之间良性互动关系的开放系统，通过对建筑本体的整体驾驭实现对自然气候的充分利用、有效干预、趋利避害的目标。气候适应性设计是适应性思想观念下策略、方法与过程的统一；是建筑师统筹下，优先和前置于设备节能措施之前的、始于设计上游的创造性行为；是"气候分析—综合设计—评价反馈"往复互动的连续进程；是从总体到局部，并包含多专业协同的集成化系统设计。气候适应型绿色公共建筑设计并不追逐某种特殊的建筑风格，但也将影响建筑形式美的认知，其在客观结果上会体现不同气候区域之间、不同场地微气候环境下的形态差异，也呈现出不同公共建筑类型因其功能和使用人群的不同而具有的形式多样性。气候适应性设计对于推进绿色公共建筑整体目标的达成具有关键的基础性意义。

整体生态环境观

整体，或称系统。建筑系统与自然环境系统密不可分。应以整体和全面的角度把握生态环境问题。绿色公共建筑设计倡导建筑师要建立整体的生态环境观，动态考量建筑系统里宏观、中观、微观各层级要素之间的关系，以及层级与外界环境要素之间的相互作用。这一过程包括从生态学理论中寻找决策依据，借鉴生态系统的概念理解系统中的能量流动与转化过程，分析自然环境对建筑设计的约束条件，以及反向预测建筑系统对自然生态系统稳定性、多样性的影响。

绿色建筑对生态环境的视角需要持续、立体、系统。各个组成子系统之间既高度分化，又高度综合。

气候适应性设计遵循系统规律，整体的组织结构应优先于局部要素，与气候在微观尺度上的层级特征以及人的气候感知进程相呼应。

整体优先原则的首要内涵就在于建筑总体的形态布局首先要置于更大环境的视角下加以考量。从气候适应性角度看，建筑工程项目的选址要充分权衡其与地方生态基质、生物气候特点、城市风廊的整体关系，秉持生态保护、环境和谐的基本宗旨。建筑总体形态布局中的开发强度、密度配置、高度组合等需要适应建成环境干预下的局地微气候，并有利于城市气候下垫面形态的整体优化，从而维系整体建成环境和区段微气候的良性发展，尽量避免城市热岛效应加剧、局域风环境和热环境恶化等弊端。

整体优先原则的另一个内涵是利弊权衡、确保重点、兼顾一般。一方面要充分重视总体形态布局对场地微气候的适应和调节能力，另一方面又要看到这种适应和调节能力的局限性。场地微气候是一种在空间和时间上都会动态变化的自然现象，在建筑总体形态布局过程中，不可能也没有必要追求场地上每一个空间点位的微气候都达到最优，而是应根据场地空间的不同功能属性区别权衡。由于场地公共空间承载了较高的使用频率，人员时常聚集，因此在进行总体设计和分析评估场地微气候时，需优先保障重要公共活动空间的微气候性能。例如，中小学校园和幼儿园设计中的室外活动场地承载了多种室外活动功能，包括学生课间休息和活动、早操、升旗仪式等，这类室外场地的气候性能就显得尤为重要。

从另一角度分析，公共建筑空间形态的组织不仅是对功能和行为的一种组织布局，也是对内部空间各区域气候性能及其实现方式所进行的全局性安排，是对不同空间效能状态及等级的前置性预设。因此，在驾驭功能关系的同时，要根据其与室外气候要素联系的程度和方式展开布局，其基本的原则在于空间气候性能的整体优先和综合效能的整体控制。

向传统和自然学习

2018年5月，习近平总书记出席全国生态环境保护大会，发表重要讲话，强调，"中华民族向来尊重自然、热爱自然。"

中国的民间传统是强调节俭的，我们通常把中国传统文化挂在嘴上，但其实并没有真正用心去做，有很多地方需要回归，恢复中国自己的传统价值观，以面向未来的可持续设计去传承我们的传统文化。面向未来的绿色建筑创新，是向中国传统文化的回归。

建筑向自然学习，尊重自然规律。建筑更应融于自然，要遵循自然规律，与自然相和。传统建筑和人们的传统生活方式中，存在大量针对气候应变的情况。这些是先人们在千百年与自然气候相互对话中积累下来的宝贵的知识财富。

向传统学习借鉴，使用当地材料和建筑技术，继承和发扬传统经验。向自然学习，因地制宜，最大限度地尊重自然传递的设计信息，利用地域有利因素和资源，顺应自然、趋利避害。

气候适应型绿色公共建筑设计中，建筑师应以传统和自然经验为指导，以形态空间为核心，以环境融合为目标，以技术支撑为辅助，践行地域化创作策略。

在绿色建筑设计中，建筑师应遵守以下操作要点：

（1）选址用地要环保——保山、保水、保树、保景观；

（2）创造积极的不用能空间——开放、遮雨遮阳、适宜开展活动、适宜经常性使用；

（3）减少辐射热——遮阳、布置绿植、辐射控制、屋顶通风；

（4）延长不用能的过渡期——通风、拔风、导风、滤风；

（5）减少人工照明——自然采光、分区用光、适宜标准、功能照明与艺术照明相结合；

（6）节约材料——讲求结构美、自然美、设施美，大幅度减少装修，室内外界面功能化，使用地方性材料，可循环利用。

对使用者、环境、经济、文化负责

宜居环境是建筑设计的根本任务。塑造高品质建筑内外部空间与环境，为人民提供舒适、健康、满意的生产生活载体。

随着空调建筑的到来，建筑可以在其内部营造一个与外界隔离且封闭的气候空间，以满足使用者舒适性的需求，带来全球化、国际化的空间品质。然而，这些都是以巨大的能源资源消耗、人与自然的割裂为代价的。在环境问题凸显的今天，在生物圈日渐脆弱的当下，这种建筑方式必须改变。

气候适应型建筑设计强调理性的设计态度，通过理性的设计，找到建筑真正的、长久的价值。同时，设计的理性将引导使用理性，促使设计者与使用者达成共识。

气候适应性价值观引导建筑走向与地域气候的适应与和解。气候适应型建筑设计对建设领域碳排放具有重大的意义，将为我国的碳中和与碳达峰计划的实现带来积极和重要的促进意义。

绿色建筑美学

坚持气候适应性设计，坚持形式追随气候，将使气候适应型建筑获得空间之美、理性之美、地域之美、和谐之美。

坚持气候适应性设计，坚持形式追随气候，是一种以理性的建筑创作手段拓展创作空间的方法，将促使建筑乃至城市形成地域化风格，以理性的态度破解当今千城一面的城市状态。

坚持气候适应性设计，坚持形式追随气候，是建筑设计与自然对话的一种方式。天人合一，与自然的和谐共生，是东方文明的底色，是独具特色的中华文明审美。建筑是环境的有机组成部分，因地制宜是我们古人所提倡的环境观。敬畏自然，融入环境，提倡自然、质朴、有机的美学是创作的方向。

绿色建筑美学是生态美在建筑上的物化存在。随着生态理念的深入人心，绿色建筑技术对传统建筑美学正在产生有力的影响。随着计算机和参数化设计技术的发展，更精细准确的性能模拟和优化逐渐成为可能。在数字技术的加持下，未来的绿色建筑设计必将产生大的变革，新的绿色建筑形态将极大地拓宽和改变建筑学的图景。建筑应积极迎接绿色发展的时代要求，创新绿色建筑新美学。

建筑美的发展将有下面几个重要的趋势：

（1）本土化——从气候到文脉、到行为、到材料的在地性；

（2）开放化——从开窗到开放空间，到开放屋顶，到开放地下；

（3）轻量化——从轻体量到轻结构，到轻装饰、轻材质；

（4）绿色化——从环境绿到空间绿，到建筑绿；

（5）集约化——少占地，减造价，方便用，易运维；

（6）长寿化——从空间到结构，到材质，到构造的长寿性；

（7）产能化——从用能到节能，到产能，到产用平衡；

（8）可视化——从形态到细部，到构造，到技术的可视、可赏；

（9）再生化——化腐朽为神奇，激活既有建筑资源的价值。

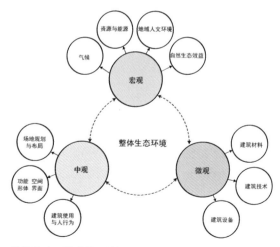

整体生态环境建筑设计相关要素示意

[概述]

以树立建设节约型社会为核心价值观，以节俭为设计策略，以常识为设计基点，以适宜技术为设计手段去创作环境友好型的人居环境。

少扩张、多省地

节省土地资源是最长久的节能环保。

城市迅速扩张中，有很多土地资源的浪费。职住距离太远，造成交通能耗很高，不仅通勤时间延长，大量的货物运输、市政管线都造成了更多的能源消耗。做紧凑型的城市、呈紧凑型发展是最重要的。

少人工、多自然

适宜技术的应用是最应推广的节能环保。

外在，形态上让建筑从大地中长出来；内在，技术上是建构自明的建造；心在，态度上是自信的建造、设计上是用心的建造、实施中是在场的建造；自在，是自然的状态、淡定的状态。

少装饰、多生态

引导健康生活方式是最人性化的节能环保。

人的生活方式不"绿"，不仅导致了建筑的高能耗，也带来人体的不健康。设计上可以考虑创造自然的空间，对人的行为模式进行引导，向健康的方向发展。

少拆除、多利用

延长建筑的使用寿命是最大的节能环保。

旧建筑利用不是仅仅保护那些文物建筑，应最大限度地减少建筑垃圾的排放，并为此大幅提高排放成本，鼓励循环利用，同时降低旧建筑结构升级加固的成本，让旧建筑的利用在经济上有利可图。

[概述]

建筑师主导的气候适应性设计需要通过合理的场地布局，及功能、空间、形体界面的优化调整，改善室内外建成环境，使其符合使用者的人体舒适性要求。绿色公共建筑的气候适应性机理，基于建筑与资源要素、气候要素、行为要素之间的交互过程，通过各种设计方法、技术与措施，调节过热、过冷、过渡季气候的建筑环境，使其更多地处于舒适区范围内，从而扩展过渡季舒适区时间范围，缩短过冷过热的非过渡季非舒适区的时间范围，在更低的综合能耗下满足建筑舒适性要求的气候调节与适应的过程。

资源要素

气候适应性设计涉及的资源要素主要包括土地、能源和资源等。其中能源主要为可再生能源，包括太阳能、风能、地热能等。材料资源包括地域材料、高性能材料、可循环利用材料等。气候适应性设计与土地、能源、材料发生交互，包括节约土地、减少土地承受的压力，减少常规能源使用与利用可再生能源，以及利用地域性材料、高性能材料、可循环材料，提高经济性、降低建筑能耗和减轻环境污染。

气候要素

不同地域的气候特征及变化规律通常用当地的气候要素来分析与描述。气候要素不仅是人类生存和生产活动的重要环境条件，也是人类物质生产不可缺少的自然资源[①]。生活中人体对外界各气候要素的感受存在一定的舒适范围，而不同季节、不同气候区自然气候的变化曲线不同，其与舒适区的位置关系不同，相应的建筑与气候的适应机理也不同。如图所示：

（1）对过热气候的调节适应（蓝色箭头）：通过开敞散热、遮阳隔热，将过热气候曲线往舒适区范围内"下拽"，以达到缩短过热非过渡季，同时降低最热气候值以减少空调能耗的目标。

（2）对过冷气候的调节适应（橙色箭头）：通过紧凑体形保温、增加得热，将过冷气候曲线往舒适区范围内"上拉"，以达到缩短过冷非过渡季，同时提高最冷气候值以减少供暖能耗（或空调能耗）的目标。

（3）对过渡季气候的调节适应（绿色箭头）：春秋过渡季气候处于人体舒适区范围内，通过建筑的冷热调节延长过渡季，并在其间通过引导自然通风等加强与外界气候的互动。

---

① 顾钧禧. 大气科学辞典 [M]. 北京：气象出版社，1994.

（4）扩展舒适区范围（粉色箭头）：根据人的停留时长、人在空间中的行为等标准，将建筑内的不同空间进行区分。走廊、门厅、楼梯等短停留空间的气候舒适范围较办公室、教室等功能房更大，可在一定程度上进行扩展。

刘加平院士指出，"建筑的产生，原本就是人类为了抵御自然气候的严酷而改善生存条件的'遮蔽所'（shelter），使其间的微气候适合人类的生存"[1]。对建筑内微气候造成影响的主要外界气候要素主要包括温湿度、日照、风三项，不同气候条件下，绿色建筑气候适应设计机理对应的主控气候要素各有侧重。

（1）温湿度以传导的方式与建筑进行能量交换。过热与过冷季节须控制建筑的室内外温湿度传导，以节约过热季的空调能耗、过冷季的采暖能耗。可通过增加场地复合绿化率、控制建筑表面接触系数、增加缓冲空间面积比、调整窗墙面积比等方法调控温湿度对建筑的影响。

（2）风以对流的方式与建筑进行能量交换。过热季可利用通风提升环境舒适性，过冷季须减少通风导致的能耗损失，过渡季须增加室内外通风对流，以促进污染物扩散、提高人体舒适度、增进人与环境的融入感。可通过控制场地密集度、调整空间透风度、调整外窗可开启面积比等方法调控风对建筑的影响。

行为要素

人基于不同行为对不同空间的采光、温度、通风有差异化的需求，对室内外及缓冲空间的接受度也因行为而异。同时，室内人员对建筑室内设备的调节和控制，例如开窗行为、空调行为、开灯行为，也会对建筑能耗产生重要影响。人的行为在建筑能耗中是一个不可忽视的敏感因素，也是造成建筑能耗不确定性的关键因素。

人的行为活动和需求决定了建筑的功能设置和空间形态，但同时建筑体验对人亦有反作用。合理的建筑空间与环境设计可以引导人的心理和行为，充分挖掘建筑空间的潜力，以达到绿色节能的目的。因此，建筑师在气候适应性设计中需要充分了解建筑中人员行为的内在机制，考虑对绿色行为的引导和塑造，重视建筑所具有的支持使用者的社会生活模式及行为的调节作用，以实现行为节能，减少不必要的能源浪费。包括以下两个方面：

（1）借助定量化分析和模拟技术，对人员行为规律、用能习惯等现象进行模拟，评估人的行为对建筑性能的影响，以支撑实际工程应用。

（2）注重缓冲空间对功能布局和人的行为的引导作用，可综合利用多种被动式设计策略、结合主动式设备的优化和运行调节等方法，既实现改善环境、降低公共建筑建筑能耗的目的，又可有效遮挡太阳辐射及控制室内温度等，为使用者提供舒适的休闲场所。

---

[1]　刘加平，谭良斌，何泉. 建筑创作中的节能设计 [M]. 北京：中国建筑工业出版社，2009.

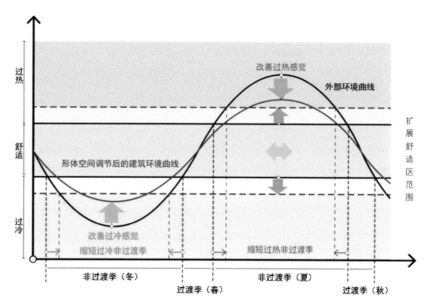

绿色公共建筑的形体空间气候适应性机理示意
来源："十三五"国家重点研发计划"地域气候适应型绿色公共建筑设计新方法与示范"项目（项目编号：2017YFC0702300）课题1研究成果《绿色公共建筑的气候适应机理研究》

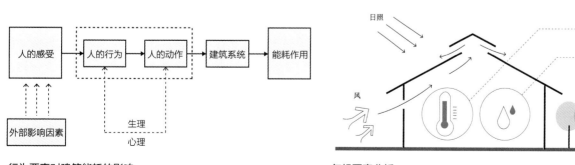

行为要素对建筑能耗的影响   气候要素分析

[概述]

气候适应型绿色公共建筑需要建筑能够适应气候在地域空间和时间进程中的动态变化,保持建筑场所空间与自然气候的适宜性联系或可调节能力,从而在保障实现建筑使用功能的同时,实现健康、节约和环境友好的建筑性能与品质。

气候适应型绿色公共建筑设计方法是由建筑师统筹、优先于设备节能等主动措施之前的始于设计上游的创造性行为,是"气候分析—综合设计—评价反馈"往复互动的连续进程。这种方法从"自然—人—建筑"的系统思维出发,从气候与建筑的相互影响机制入手,旨在谋求通过建筑师的设计操作,按照"建筑群与场地环境—建筑单体的空间组织—空间单元—围护结构和室内分隔"的建筑空间形态基本层级,开展建筑设计及分析工作,建立人、建筑、气候三者之间的良性互动关系,形成一个开放的设计系统。其核心内涵在于通过对建筑形态的整体驾驭,实现对自然气候的充分利用、有效干预、趋利避害的目标。气候适应性设计方法对于推进绿色公共建筑整体目标的达成具有关键的基础性意义。

气候分析

自然气候中的不同要素有其不同的存在和运动方式,并受地理、地表形态和人类活动的干预而相互作用。气候是建筑设计的前提,又被设计的结果所影响。在气候与建筑的相互作用中,建筑师应该发挥因势利导的核心能动作用,需要对气候的尺度、差异性和相对性有所认知,在面对场地时,首先进行气候学分析,并以此作为建筑设计的气候边界条件。

(1)气候的尺度

根据气候现象的空间范围、成因、调节因素等,可将气候按不同的尺度划分为宏观气候、中观气候和微观气候。宏观气候尺度空间覆盖范围一般不小于500km,大则可达数千公里往往受强大的气候调节能力因素的影响,如洋流、降水等;中观气候尺度空间覆盖范围大约从10km到500km不等,调节因素包括地形、海拔高度、城市开发建设强度等;微观气候尺度范围从10m到10km不等,可以进一步细分为场地微气候、建筑微气候、建筑局部微气候等,调节因素包括坡度、坡向、水体、植被等地形地貌要素和建筑物等人工要素。场地的微气候是绿色公共建筑设计时不能忽视的重要因素,建筑师需正确评估和把握场地微气候的特征和规律,在实际设计过程中协调场地微气候与建筑形态布局、功能需求之间的矛盾。

(2)气候的差异性和相对性

气候的差异性:即气候的动态变化,反映在空间与时间两个维度。在空间维度上以建筑气候区划为基本框架，"地域—城镇—地段—街区（建筑群）—建筑"，构成了地域大气候向场地微气候逐渐过渡的层级；在时间维度上随季节和昼夜的周期性转变，以及在不同地域的时长差异，从而表现出复杂多样的具体气候形态。在不同的外部自然气候条件和物理环境需求下，诸如向阳与纳凉、采光与遮阳，保温与散热、通风与防风等方面往往使设计面临矛盾与冲突。因此，气候调节的不同取向要求建筑设计必须根据其具体的状况抓住主要矛盾，作出权重适宜的设计决策。

气候的相对性是指气候的物理属性是一种客观存在，但不同人群对气候的感知因时间、因地理、因年龄等因素而存在不同程度的差异。建筑空间的气候舒适性区间指标需充分考虑因人而异的相对性，避免绝对化设置，针对地域环境条件、建筑功能类型、特定服务对象以及具体使用需求等做出合理化设计。

场地布局

建筑与地域气候的适应性机制首先体现在其场地及周边环境的层面。这种机制取决于地形地貌、场地及周边既有建筑、拟建建筑与地区气候和地段微气候之间的相互联系与作用。公共建筑在该层级的设计应以建筑（群）对所处地段及场地微气候的适应与优化为基本原则和目标。气候适应性设计需要通过利用、引导、调节、规避等设计策略，对

风、光、热、湿等气候要素进行有意识的引导或排斥、增强或弱化，从而避免负面微气候的产生，进而实现气候区划背景下的微气候优化。基于上述原则，设计可以从建筑选址、建筑体量布局、地形利用与地貌重塑、交通空间组织等方面，搭建场地总体布局形态的气候适应性设计架构。

功能、空间、形态与界面

建筑的气候调节机制在其物质空间形态所奠定的基础。建筑形态从基本格局上建立了空间环境与自然气候的性能调节关系。绿色公共建筑设计方法的核心就在于通过基本的形态设计进行气候调节，实现建筑空间环境的舒适性和低能耗双重目标。

对于公共建筑而言，其空间、形体、界面的设计不仅是对功能和行为的一种组织布局，也是对内部不同空间能耗状态及等级的前置性预测。因此，在驾驭功能关系的同时，要根据其与室外气候要素联系的程度和方式展开布局。针对使用空间因其功能、界面形式而产生的气候性能要素及其指标要求的严格程度，可将公共建筑空间分为普通性能空间、低性能空间和高性能空间。在综合考虑公共建筑功能差异、空间构成、形态组织与界面关系的基础上，基于整体气候性能的空间形态组织应充分遵循整体优先、利用优先、有效控制和差异处置的基本原则，其具体设计方法体现为以下几个方面。

（1）根据空间性能设置气候优先度：普通性能

建筑空间气候性能的等级分类

	低性能空间	普通性能空间	高性能空间
能耗预期	低	取决于设计	高
空间类型	设备空间、杂物储存等	办公室、教室、报告厅、会议室、商店等	观演厅，竞技比赛场馆，恒温恒湿、洁净空间等

来源：韩冬青，顾震弘，吴国栋. 以空间形态为核心的公共建筑气候适应性设计方法研究[J]. 建筑学报，2019（04）：78-84.

空间应布置在利于气候适应性设计的部位，对自然通风和自然采光要求较高的空间常置于建筑的外围，对性能要求较低的空间则时常置于朝向或部位不佳的位置。

（2）充分拓展融入自然的低能耗空间潜力：融入型空间可以承载许多行为活动而无需耗能，过渡型空间可以作为室内外气候交换和过渡的有效媒介，排斥型空间通常以封闭形态而占据建筑的内部纵深。

（3）优先利用自然采光与通风：建筑内部空间形态的确立应根据空间与自然采光的关系和建筑内部风廊的整体轨迹进行综合驾驭。

（4）根据功能特征对气候要素进行差异性选择：通过空间的区位组织，为风、光、热等各要素的针对性利用和控制建立基础，在综合分析其影响下形成各类型空间的整体配置与组织。

（5）建筑外围护结构和室内分隔是空间营造的物质手段：外围护界面是建筑内外之间气候调节的关键装置，室内分隔界面则是内部空间性能优化的重要介质。

技术协同

基于技术协同的气候适应型公共建筑设计方法即物化建筑综合绿色性能的设计逻辑，以气候认知和项目策划为起点，从感性的认知型设计转为通过对空间形态和环境舒适性分析的综合性技术设计，从经验导向型设计转为证据导向型设计。这种设计过程需要与性能分析建立反馈互动，促进结构和设备等多专业的协同配合，并延伸至施工、运维、评估等相关环节；需要建立全过程系统性的综合组织机制。具体要点如下：

（1）建立服务于建筑项目设计团队的多专业协作的集成化组织结构，需遵循项目目标性、专业分工与协作统一、精简高效等基本原则。分工明确、责权清晰、流程顺畅且能协作配合，为项目设计管理的运作提供有力支撑和保障。

（2）技术协同要在多个关键节点（前期概念策划、方案设计、深化设计、经验提取与设计反馈）中均体现建筑师的核心作用，需能针对绿色建筑的关键问题，从始至终统领或协调各专业设计全过程。

（3）建筑、结构、设备等各专业的团队协作与配合对推动气候适应型绿色公共建筑的设计优化具有重要影响。

在绿色建筑前期概念策划阶段，建筑师制定气候适应型绿色公共建筑设计的概念策划，明确绿色建筑的设计方向与目标，从气候特征与设计问题出发，开展气候适应性机理与公共建筑特征的关联机制分析；结构工程师在掌握项目所在地的地质和水文条件的基础上，依据建筑设计方案确定结构方案和地基基础方案，并开展结构方案比选、结构选型及布置等工作；设备工程师与建筑师协同开展工作，收集前期气候、地形、规划、市政条件等设计资料，并确保综合绿色性能的有效实施。

在绿色建筑方案设计和深化设计阶段，鼓励结构、设备等团队成员从各专业角度、项目目标和设计任务书要求出发，结合建筑师对设计提出的一系列前置性要求，开展专业设计工作。在全过程中，需要结合相关专业性能计算与分析，从群体布局设计、功能组织、建筑空间形态、空间模块设计、围护结构与细部四个层面，不断验证和反馈绿色设计技术可行性，推动设计优化过程。

[概述]

我国严寒、寒冷、夏热冬冷及夏热冬暖等不同气候区条件差异显著，而在大量公共建筑的绿色设计工程实践中，需要综合考虑所在气候条件，需充分考虑公共建筑的大体量、大进深、功能复杂、空间形式多样、空间融通度高等典型设计特点和相应设计需求。故服务于场地规划、建筑布局、功能组织、形体生成、空间优化、界面设计等各类实现建筑绿色性能优化的系统化体系的建构是一个重要且紧迫的任务。因建筑师对各种新型设计技术的了解与运用能力参差不齐，我国大量绿色建筑设计实践依然沿袭传统设计技术与习惯，导致各类现有先进的设计技术对绿色公共建筑设计的指导水平有较大欠缺，大大降低了新型绿色建筑设计技术在我国的应用程度与水平，亦造成公共建筑的综合绿色性能不佳与能耗浪费。

因此，我们需要总结已有绿色公共建筑的经验与教训，研究和借鉴国际先进的绿色建筑技术体系与设计经验，匹配新型绿色公共建筑创作设计的流程需要，提出适用于我国不同典型气候区的新型体系化的绿色公共建筑气候适应型设计技术。新型绿色公共建筑气候适应型设计技术主要包括"场地布局""功能空间形体界面""技术协同"三方面的内容。

新型绿色公共建筑气候适应型设计技术体系可充分利用数据搜索匹配、性能模拟、即时可视、智能化算法、影响评估等各项先进的技术手段，为设计前期的场地气候、资源、环境水平等设计条件提供分析，以及在方案形成过程中的场地、布局、功能、空间、形体、围护结构等各阶段进行高效快速的设计推演，并对可再生能源利用模式、环境调控空间组织与末端选型等设备适配方案涉及的多专业技术协同等内容提供体系化的技术支撑与指引。

场地布局

"场地布局"包括"场地气候资源条件分析"设计技术，以及同阶段"场地布局设计与资源利用推演设计"设计技术内容。具体体现为以下几点。

（1）公共建筑与地域气候的适应性机制首先体现在场地及周边环境的层面，这种机制取决于地形地貌、场地及周边既有建筑、拟建建筑与地区气候和地段微气候之间的相互联系与作用。

（2）场地气候资源条件分析：在场地选择和设计上，针对建筑所处的场地环境，通过对场地进行场地气候条件分析、资源可利用条件分析、场地现状环境物理条件分析，充分了解建筑所在场地具体设计气候特征与资源可得状况依据的相关设计技术。

（3）场地布局设计与资源利用推演：在建筑规划布局阶段，基于场地设计条件，充分利用场地现有气候条件与资源可利用条件，借助性能模拟分析等手段推演优化，以室外微气候、建筑节能与室内环境性能优化等综合绿色性能为目标，调整以完成场地的规划设计与建筑布局的相关设计技术。

功能、空间、形体与界面

"功能、空间、形体、界面"主要包括各类可支持建筑本体方案生成过程中，涉及功能、空间、形体、界面等核心要素的各种设计策略要点匹配，以及基于智能化算法、性能模拟等新型技术的即时可视化、环境影响后评估、需求指标分析验证、环保评价等辅助设计的设计技术内容。

（1）形体生成推演技术

在建筑的形体生成设计阶段，基于气候条件差异及场地布局设计，借助性能模拟分析、即时可视化等先进技术手段，推演优化，调整建筑群体或单体的形状、边角、适风、向阳等，应对、控制建筑与外部气候要素交互关系，完成建筑的体形、体量、方位等形体生成的相关设计技术。

（2）空间推演技术

在建筑的空间设计阶段，基于外部气候条件差异及建筑内部空间功能与性能需要，以建筑节能与室内环境性能优化为目标，借助数据搜索匹配、性能模拟分析等先进技术手段推演优化，合理调整建筑空间的组织与组合，空间模块的尺度、形态、性质，空间可变与因时而变的兼容拓展与灵活划分等空间设计内容，完成建筑空间气候适应性设计的相关设计技术。

（3）建筑界面推演技术

在建筑的围护结构设计阶段，基于外部气候条件差异及建筑的内外围护结构界面针对光、热、风、湿等关键气候要素的设置需要，借助性能模拟分析等先进技术手段，通过选择吸纳、过滤、传导、阻隔等不同技术路径，以实现采光或遮光、通风或控风、蓄热或散热、保温或隔热等围护结构不同性能，以合理调整建筑内外围护结构的形式、选材、构造等界面设计内容，完成建筑界面气候适应性设计的相关设计技术。

技术协同

建筑师主导的以空间为核心的绿色建筑设计的各项策略方法同样需要结构、设备等各专业的配合与深化，需要落实为具体的技术参数和措施，也需要各专业在施工过程和使用运维阶段进行评测和检验；此外，建筑本体在调节外部自然气候的基础上，仍需借助人工附加控制的能源捕获与供给、环境调控设备，提升建成环境质量。这些工作需要综合多项学科知识以协同多专业配合与沟通，包括设计前期策划阶段的场地气候资源条件分析，对各设计阶段方案推演设计过程中能耗与物理环境影响评估反馈的环境影响后评估分析技术；以及在建筑的主动式设备选型设计阶段，基于外部气候条件差异及建筑的可再生能源利用和空间物理环境控制需要，以建筑节能与室内环境性能优化为目标，借助性能模拟分析等先进技术手段，合理选择建筑产能类型匹配度高的可再生能源利用模式与形式，确定调控高效的采暖制冷末端选型，最终完成建筑主动式设备选配设计等相关技术内容。

Framework

本导则总共由五部分构成。F为整体架构与导读，C为地域气候特征分析，P、B、T分别按照场地与布局，功能、空间、形体、界面，技术协同三部分，逐条进行技术分析。

本导则是建筑师视角的关于绿色建筑设计的综合性指引性文件，从"设计机理—设计方法—技术体系—示范应用"四个层面进行条文技术编制，对部分关键性措施与指标和设计要点等进行了阐述。

在本导则中，每项条文都在页面的顶部进行了章节定位描述，顶栏下方标明条文目的，并对各项条文提出了目的、设计控制、设计要点、关键措施与指标、相关规范与研究，以便于设计人员结合实际情况有针对性地实施各项条文技术。

本导则中所列条款，在实际项目中可根据具体条件进行分析测算，并综合考虑建议范围，调整最终指标。

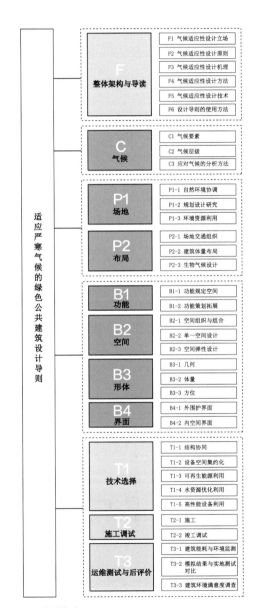

导则文本框架

策略检索方法

目的
设计控制
设计要点

图解
分析

关键措施与指标
相关规范与研究

典型案例

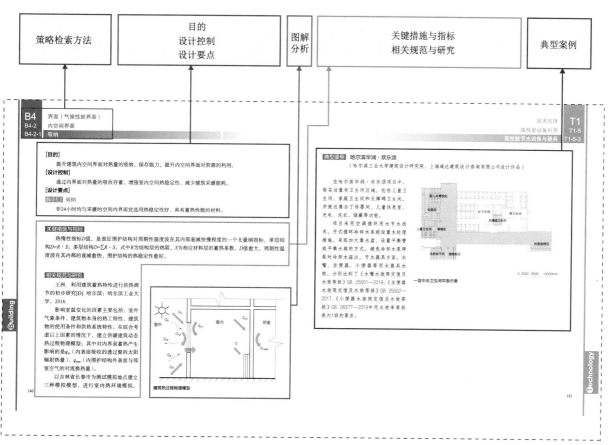

B4 界面（气候性能界面）
B4-2 内空间界面
B4-2-1 吸纳

技术选择　**T1**
高性能水利用　T1-5
高性能节水设备与器具　T1-5-3

[目的]
提升建筑内空间界面对热量的吸纳、保存能力，提升内空间界面对资源的利用。

[设计控制]
通过内界面对热量的吸收存储，增强室内空间热稳定性，减少建筑采暖能耗。

[设计要点]
B4-2-1 吸纳
非24小时均匀采暖的空间内界面宜选用热稳定性好、具有蓄热性能的材料。

关联措施与指标
热惰性指标D值，是表征围护结构对周期性温度波在其内部衰减快慢程度的一个无量纲指标，单层结构$D=R \cdot S$；多层结构$D=\sum R \cdot S$。式中R为结构层的热阻，S为相应材料层的蓄热系数，D值愈大，周期性温度波在其内部的衰减愈快，围护结构的热稳定性愈好。

相关规范与研究
王洲. 利用建筑蓄热特性进行供热调节的初步研究[D]. 哈尔滨：哈尔滨工业大学, 2016.
影响室温变化的因素主要包括：室外气象条件、建筑物本身的热工特性、建筑物的使用条件和供热系统特性。在综合考虑以上因素的情况下，建立供暖建筑动态热过程物理模型，其中对内界面蓄热产生影响的是q_{in}（内表面吸收的透过窗的太阳辐射热量），q_{out}（内围护结构外表面与邻室空气的对流换热量）。
以吉林省长春市为测试模拟地点建立三种模拟模型，进行室内热环境模拟。

建筑热过程物理模型

Building

典型案例 哈尔滨华润·欢乐颂
（哈尔滨工业大学建筑设计研究院、上海域达建筑设计咨询有限公司设计作品）

在哈尔滨华润·欢乐颂项目中，每层设置有卫生间区域，包括儿童卫生间、家庭卫生间和无障碍卫生间，并就近集合了母婴间、儿童休息室、充电、洗衣、储藏等功能。
项目采用空调循环冷却水技术，开式循环冷却水系统设置水处理措施，采取加大集水量、设置平衡管或平衡水箱的方式，避免冷却水泵停泵时冷却水溢出。节水器具方面，水嘴、坐便器、小便器等用水器具水效，分别达到了《水嘴水效限定值及水效等级》GB 25501—2019、《坐便器水效限定值及水效等级》GB 25502—2017、《小便器水效限定值及水效等级》GB 28377—2019中用水水效单等级表内1级的要求。

一层中央卫生间平面示意图

0 2000 5000 10000mm

Technology

导则查询方法

C 气候
Climate

气候部分，是阐述建筑师在设计初期了解如何去选择、获取、解读气候数据的一些通用性方法，通过这一过程，有利于建筑师在设计早期认识当地的气候特征以便更好地确定气候适应性策略。

C1气候要素，对严寒地区的气候要素进行分析，包括地域气候概况、温湿度、风速与风玫瑰图、太阳辐射、降水与水文。重点分析了哈尔滨、长春、沈阳、呼和浩特四个典型城市的气候要素数据，以便建筑师获得对严寒地区气候的基础认知。

C2气候层级，气候是分层级的，区别于全球气候变化及天气预报那种大尺度的气候分析，建筑用的气候数据一般为地区气候或微气候尺度数据，并明确了相关可用的地区气候数据来源及微气候气象数据的获取方式。

C3应对气候的分析方法，从热、光、风三个方面对严寒地区的气候分析方法进行阐述。

[地域概况]

按照我国《民用建筑设计统一标准》GB 50352—2019的划分标准，严寒地区位于主气候区Ⅰ区，主要地区包括黑龙江、吉林全境，辽宁、内蒙古、新疆、西藏、青海北部地区，本节研究针对东北严寒地区，主要包括黑龙江、吉林全境，以及辽宁、内蒙古部分地区。这些地区紧靠世界最寒冷的西伯利亚东部，受寒冷干燥的冬季风影响，相较于同纬度其他地区，该区域冬季平均温度更低，气候更加严酷。

[气候概况]

严寒地区是指累年最冷月平均温度低于或等于-10℃的地区，辅助指标为日平均温度≤5℃的天数≥145天，是我国气候分区五个区中的一个。

本节以哈尔滨、长春、沈阳、呼和浩特四个城市为典型城市，分析本区域的气候特征。该区域城市全年中7、8月份气温最高，但月气温平均值也仅为25℃上下，较为凉爽；冬季11月至次年3月气温普遍低于0℃，持续时间较长，且极端低温可至-40℃。太阳辐射量峰值普遍集中在5月至8月份，谷值普遍集中在11月至次年2月份，其峰值、谷值走向与月干球温度趋势一致。月平均相对湿度及月平均降雨量数据显示此区域降雨量主要集中在6月至8月份，同时冬季11月至次年4月较为干燥。总体上，严寒地区整体呈现寒冷期长、平原风大、东湿西干、雨量集中、四季分明的特点。

严寒地区气候特征及其解析

气候特征	环境解析
冬季严寒漫长	1月平均气温下≤-10℃，极端气温低至-40℃；年日平均气温≤5℃的日数≥145天；气候干燥，室外气温日较差较小；连续阴寒和降雪频率高
夏季温热短暂	气候温热，持续时间短暂；雨水较多，7月平均相对湿度≥50%
过渡季节短促	过渡季节气温月、季变化强烈，时间短促

[设计要点]

严寒地区气候特点使本气候区域内建筑必须解决冬季防寒、保温、节能、排雪、防冻害等关键问题。总体规划需采用错位布局降低冬季冷风渗透，建筑单体需优化建筑形态，建筑界面宜采用"南虚北实"的设计方法。集约、厚重、封闭、向阳是严寒地区地域性的建筑特点。

[定义]

　　温度是指距地面1.5m高的空气温度。空气湿度是指空气中水蒸气的含量。这些水蒸气来源于江河湖海的水面、植物以及其他水体的水面蒸发，通常以绝对湿度和相对湿度来表示。

[气候特点]

　　以哈尔滨、长春、沈阳、呼和浩特四个典型严寒地区城市为例。四个城市的月平均气温数据显示：严寒地区冷应力占主导地位，0℃以下约占全年时间的40%，冬季建筑的保温供暖尤为重要；5月至9月，四个典型城市的月平均气温基本处于9～26℃的区间，时长约占全年的40%，其中最热月份气温仅为24℃，且仅持续3个月，夏季较为凉爽，建筑供冷需求较低。

　　严寒地区由于气温较低，蒸发微弱，降水量虽不十分丰富，但湿度仍较高。四个典型城市月平均相对湿度数据显示，哈尔滨、长春、沈阳三个城市的月平均相对湿度处于40%～80%之间，呼和浩特由于地域环境原因，湿度相较于其他城市偏低。6月至8月，随着雨水的增多，平均湿度有大幅提升，10月至次年3月，地表积雪融化缓慢，湿度趋于平稳。

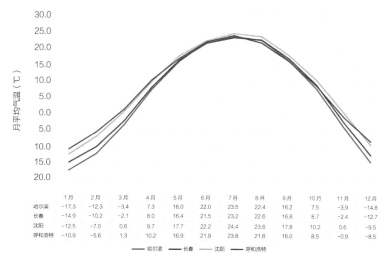

	1月	2月	3月	4月	5月	6月	7月	8月	9月	10月	11月	12月
哈尔滨	-17.3	-12.3	-3.4	7.3	16.0	22.0	23.5	22.4	16.2	7.5	-3.9	-14.8
长春	-14.9	-10.2	-2.1	8.0	16.4	21.5	23.2	22.6	16.8	8.7	-2.4	-12.7
沈阳	-12.5	-7.0	0.6	9.7	17.7	22.2	24.4	23.6	17.8	10.2	0.6	-9.5
呼和浩特	-10.9	-5.6	1.3	9.7	16.9	21.9	23.8	21.6	16.0	8.5	-0.9	-8.5

哈尔滨　　长春　　沈阳　　呼和浩特

东北严寒地区城市月平均气温
来源：国家气象信息中心. 中国地面累年值月值数据集（1981-2010年）[2][Z].
http://www.nmic.cn/dataService/cdcindex/datacode/A.0029.0001/
show_value/normal.html

Climate

Climate

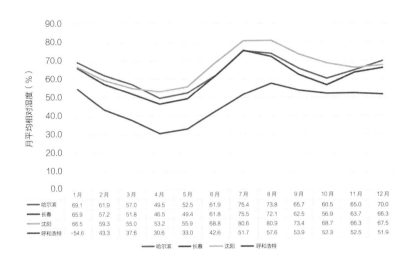

东北严寒地区城市月平均相对湿度

	1月	2月	3月	4月	5月	6月	7月	8月	9月	10月	11月	12月
哈尔滨	69.1	61.9	57.0	49.5	52.5	61.9	75.4	73.8	65.7	60.5	65.0	70.0
长春	65.9	57.2	51.8	46.5	49.4	61.8	75.5	72.1	62.5	56.9	63.7	66.3
沈阳	66.5	59.3	55.0	53.2	55.9	68.8	80.6	80.9	73.4	68.7	66.3	67.5
呼和浩特	-54.6	43.3	37.6	30.6	33.0	42.6	51.7	57.6	53.9	52.3	52.5	51.9

来源：国家气象信息中心. 中国地面累年值月值数据集（1981-2010年）[Z].
http：//www.nmic.cn/dataService/cdcindex/datacode/A.0029.0001/
show_value/normal.html

[设计要点]

　　冬季防寒保温是严寒地区公共建筑节能设计策略的研究重点，同时应处理好冬季室内通风换气与防寒保温之间的矛盾，降低由于冬季采暖造成的室内湿度过低的问题。

Climate

[定义]

  风是由空气流动引起的一种自然现象，它是由太阳辐射热引起的。

  风速，是指空气相对于地球某一固定地点的运动速率，是划分风力等级的依据。

  风玫瑰图是气象科学专业统计图表，用来统计某个地区一段时期内风向、风速发生频率，又分为"风向玫瑰图"和"风速玫瑰图"。

[气候特点]

  以哈尔滨、长春、沈阳、呼和浩特为例，从四个城市全年风玫瑰图以及城市月平均风速来看，严寒地区城市年平均风速处于1.6~3.9m/s范围内。城市之间因为地理环境等其他原因导致有所差异，但总体来说以西南风向为主。

[设计要点]

  在规划布局时留出西南向风道，在过渡季节使主导风吹入室内，增强室内外的热交换，提升室内空间的空气质量，减少空调使用时长。冬季主导风向的寒风对建筑入口影响较大，且室外空间受寒风侵蚀，室外舒适度进一步降低，应在场地规划布局方面针对性的阻挡冬季的寒风侵蚀，同时在建筑入口、窗户等热量交换区域进行重点设计，减少冷风渗透作用。

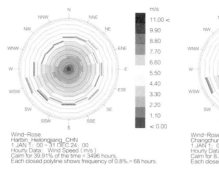

哈尔滨全年风玫瑰

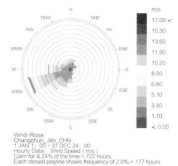

长春全年风玫瑰

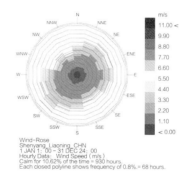

沈阳全年风玫瑰

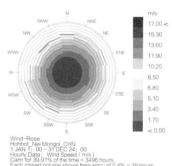

呼和浩特全年风玫瑰

[定义]

太阳辐射是指太阳以电磁波的形式向外传递能量，太阳向宇宙空间发射的电磁波和粒子流。太阳辐射所传递的能量，称太阳辐射能。

[气候特点]

参考哈尔滨、长春、沈阳、呼和浩特四个城市的月总辐射量，太阳辐射量峰值普遍集中在5月至8月，月总辐射达到6000MJ/m²，谷值普遍集中在11月至次年2月，月总辐射接近1600MJ/m²。

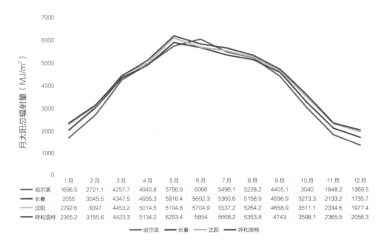

	1月	2月	3月	4月	5月	6月	7月	8月	9月	10月	11月	12月
哈尔滨	1696.5	2721.1	4257.7	4940.8	5756.9	6066	5496.1	5228.2	4405.1	3040	1848.2	1369.5
长春	2055	3045.5	4347.5	4935.3	5916.4	5692.3	5360.6	5158.9	4596.9	3273.3	2133.2	1735.7
沈阳	2292.6	3097	4453.2	5014.5	6104.8	5704.9	5537.2	5264.2	4658.9	3511.1	2334.6	1977.4
呼和浩特	2365.2	3155.6	4423.3	5134.2	6203.4	5854	5668.2	5353.8	4743	3598.1	2365.5	2056.3

哈尔滨　　长春　　沈阳　　呼和浩特

东北严寒地区城市月太阳总辐射量
来源：国家气象信息中心. 中国地面累年值月值数据集（1981—2010年）[Z].
http：//www.nmic.cn/dataService/cdcindex/datacode/A.0029.0001/
show_value/normal.html

[设计要点]

太阳辐射是严寒地区冬季宝贵的自然资源，合理利用太阳辐射能可以有效降低冬季建筑室内采暖设备的负荷。严寒地区冬、夏两季太阳高度角变化较大，且建筑对太阳辐射的利用存在矛盾关系。因此，应分析太阳辐射对建筑能耗的利害关系，合理选取利用方式。挖掘建筑向阳得热的设计潜力，避免南向过多建筑构件影响冬季建筑对太阳辐射能的获取；同时在建筑西、南两侧灵活设置遮阳措施，避免夏季高温时过多的太阳辐射进入室内。

Climate

[定义]

降水是指空气中的水汽冷凝并降落到地表的现象，它包括两部分，一是大气中水汽直接在地面或地物表面及低空的凝结物，如霜、露、雾和雾淞，又称为水平降水；另一部分是由空中降落到地面上的水汽凝结物，如雨、雪、霰雹和雨淞等，又称为垂直降水。

水文指的是自然界中水的变化、运动等的各种现象。

[气候特点]

参考哈尔滨、长春、沈阳、呼和浩特的城市月平均降雨量数据，降雨量峰值普遍集中在6月至8月。其中最高降雨量普遍出现在7月，月平均降雨量分别为164.5mm、197.7mm、183.9mm、112.9mm。而10月至次年2月普遍降雨量较小，其中1月一般为降雨量谷值。

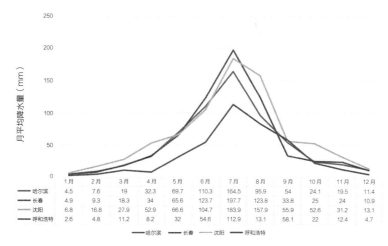

	1月	2月	3月	4月	5月	6月	7月	8月	9月	10月	11月	12月
哈尔滨	4.5	7.6	19	32.3	69.7	110.3	164.5	95.9	54	24.1	19.5	11.4
长春	4.9	9.3	18.3	34	65.6	123.7	197.7	123.8	33.8	25	24	10.9
沈阳	6.8	16.8	27.9	52.9	66.6	104.7	183.9	157.9	55.9	52.6	31.2	13.1
呼和浩特	2.6	4.8	11.2	8.2	32	54.6	112.9	13.1	58.1	22	12.4	4.7

东北严寒地区城市月平均降雨量

来源：国家气象信息中心. 中国地面累年值月值数据集（1981-2010年）[Z].http：//www.nmic.cn/dataService/cdcindex/datacode/A.0029.0001/show_value/normal.html

[设计要点]

严寒地区夏季雨水集中，短时间内容易造成城市内涝。因此，应处理好雨水地表径流，同时由于冬季气温普遍低于0℃，降水通常以降雪的形式出现，雨水以积雪的形式堆积于地面，应处理好地面防滑设计，预留好积雪堆积场地。

[定义]

　　气象学家Barry按照空间尺度将气候分为全球性风带气候、地区性大气候、局地气候和微气候。气候的层级性认知对于场地环境和建筑群尺度的微气候调节乃至城市尺度的气候影响具有重要的价值，对建筑的选址具有重要意义，为建筑选址的趋利避害奠定了基础。在具备选址可能性的条件下，对场地所在地段不同尺度的气候分析也会对场地的布局产生影响，因而成为场地规划布局的重要环节，有利于进行因地制宜的建筑设计。气候的尺度分级如表所示：

气候尺度分级

气候范围	气候特征的空间尺度（km）		时间范围
	水平范围	垂直范围	
全球性风带气候	2000	3 ~ 10	1 ~ 6个月
地区性大气候	500 ~ 1000	1 ~ 10	1 ~ 6个月
局地气候	1 ~ 10	0.01 ~ 1	1 ~ 24小时
微气候	0.1 ~ 1	0.1	24小时

来源：T.A.马克斯，E.N.莫里斯.建筑物·气候·能量[M].陈士骥，译.北京：中国建筑工业出版社，1990：103-104.

[定义]

建筑性能模拟是在建筑创作阶段一种常用的优化建筑设计以提升建筑性能的方法。建筑模拟软件承担了复杂的基于物理的计算工作，其普及大大降低了建筑性能研究的门槛，研究者只需建立建筑模型并设置好气象文件，模拟工具便会承担相应的计算工作，并把计算结果直观地展示出来。运用模拟引擎，建筑师和工程师便能通过不断进行模拟来修正自己的设计，以达到节省能源、提高室内舒适度等目的。建筑模拟除了需要对模拟以及模拟环境进行定义之外，还有一个必不可少的步骤便是设定模拟的气候环境。

气候对建筑性能的影响相当大。若要获得准确的有参考价值的模拟结果，则必须使用符合现实情况的气象文件进行模拟。

目前，我国现在建筑模拟常用的气象数据是基于城市气象站长期的观测结果生成的。然而建筑总是处于具体的环境中的，在对建筑进行性能模拟时，应注意使用的气象文件是否能准确描述建筑所在地点的微气候。尤其是大部分的公共建筑处于城市环境之中，由于城市热岛效应，有可能建筑所在环境的微气候与气象站观测的数据有较大差别。在这种情况下，则需要选择相对应层级的气象数据进行建筑性能模拟。

国内所涉及的典型气象年气象数据来源主要为公开渠道获得，如特殊项目，可由甲方委托相关机构提供。其中公开渠道可获得可用于微气候分析与建筑能耗模拟的逐时气象数据主要有4种，分别为：

（1）中国建筑热环境专用气象数据集（CSWD），来源于清华大学和中国气象局的数据，是国内实测的数据；

（2）CTYW来源于美国国家气象数据中心；

（3）SWERA来源于联合国环发署，空间卫星测量数据，主要偏重于太阳能和风能评估方面；

（4）IWEC来源于美国国家气象数据中心，部分辐射及云量数据都是通过计算得到的。

典型数据来源表

序号	名称	符号	数据格式	来源	适用范围
1	中国建筑热环境专用气象数据集	CSWD	xls	中国建筑热环境专用气象数据集软件	绿色设计
			epw	Energyplus 官网	DOE-2，BLAST，EnergyPlus，Grasshopper Ladybug
			wea	Autodesk Green Building Studio Ecotect 软件	Ecotect
2	美国国家气象数据中心	CTYW	wea	Ecotect 软件	Ecotect
3	联合国环发署	SWERA	epw	Energyplus 官网	太阳能和风能评估方面、Grasshopper Ladybug
4	美国国家气象数据中心	IWEC	wea	Ecotect 软件	Ecotect
		IWEC	epw	Energyplus 官网	Grasshopper Ladybug

[定义]

热湿环境是建筑环境中最主要的内容，主要反映在空气环境的热湿特性上。建筑室内热湿环境形成的最主要的原因是各种外扰和内扰的影响。外扰主要包括室外气候参数如室外空气温湿度、太阳辐射、风速、风向变化，以及邻室的空气温湿度，均可通过围护结构的传热、传湿、空气渗透使热量和湿量进入室内，对室内热湿环境产生影响。内扰主要包括室内设备、照明、人员等室内热湿源。

为了方便工程应用，将一定大气压力下湿空气的四个状态状态参数（温度、含湿量、比焓和相对湿度）按公式绘制成图，即为焓湿图（h-d图）。

[分析方法]

根据气象数据在焓湿图中对各种主动、被动式设计策略进行分析。其中被动式策略与建筑设计的关系尤为密切，建筑师恰当地使用被动式策略不仅可以减少建筑对周围环境的影响，还可以减少采暖空调等设备的采购与运行费用。同时，主动式策略也有高能低效与低能高效之分，通过在焓湿图上分析主动式策略，也同样可以有效地节约能源。

焓湿图可以用来确定空气的状态，确定空气的4个基本参数，包括温度、含湿量、大气压力和水蒸气分压力。在气候分析过程中可以借用它来比较直观地分析和确定建筑室内外气候的冷、热、干、湿情况，以及距离舒适区的偏离程度。

热舒适区域可以看作建筑热环境设计的具体目标，通过建筑设计的一些具体措施可改变环境中的因素来缩小室外气候偏离室内舒适的程度。

焓湿图可以对输入的气象数据进行可视化分析，并对多种被动式设计策略进行分析和优化，帮助建筑师在方案设计阶段使用适当的被动式策略，不但减轻了建筑对周围环境的影响，更可减少建筑在使用过程中空调和采暖设备的负荷。

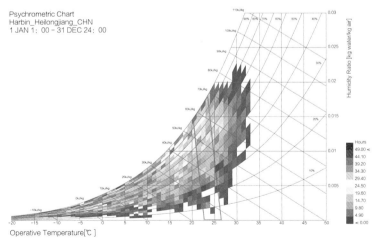

哈尔滨焓湿图

Climate

[定义]

　　风环境对建筑室内外温度、湿度有直接调节作用，对建筑室内外整体环境质量有重要影响。良好的建筑场地风环境应利于室外行走、活动舒适和建筑的自然通风。

[分析方法]

　　建筑物周围人行区距地1.5m高处风速$v < 5m/s$是不影响人们正常室外活动的基本要求。此外，通风不畅还会严重地阻碍空气的流动，在某些区域形成无风区或涡旋区，这对于室外散热和污染物消散是非常不利的，应尽量避免。以冬季作为主要评价季节，是由于对多数城市而言，冬季风速约为5m/s的情况较多。夏季、过渡季自然通风对于建筑节能十分重要，此外，还涉及室外环境的舒适度问题。夏季大型室外场所恶劣的热环境，不仅会影响人的舒适感，当超过极限值时，长时间停留还会引发高比例人群的生理不适直至中暑。

　　根据《绿色建筑评价标准》GB/T 50378—2019中建议：①在冬季典型风速和风向条件下，建筑物周围人行区距地高1.5m处风速小于5m/s，户外休息区，儿童娱乐区风速小于2m/s，且室外风速放大系数小于2，除迎风第一排建筑外，建筑迎风面与被风面表面风压差不大于5Pa。②在过渡季、夏季典型风速和风向条件下，场地内人活动区不出现涡旋或无风区；50%以上可开启外窗内外表面的风压差大于0.5Pa。

　　目前，风环境分析方法主要有风洞试验法和计算流体力学（CFD）模拟法。其中，风洞实验法准确性高，但制作成本大、周期长，难以在工程实践中应用。相较之下，CFD模拟法在快速简便和成本低的同时，实验结果仍能保持较高的准确率。因此，CFD模拟法在实践中被广泛应用于工程中对比不同设计方案对建筑及场地风环境的影响。

Climate

[定义]

日照是指物体表面被太阳光直接照射的现象。从太阳光谱可以知道，到达大气层表面太阳光的波长范围大约在0.2～3.0μm之间。太阳光中除了可见光外，还有短波范围的紫外线，长波范围的红外线。

采光是指设计门窗的大小和建筑的结构使建筑物内部得到适宜的光线。采光可分为直接采光和间接采光，直接采光指采光窗户直接向外开设；间接采光指采光窗户朝向封闭式走廊（一般为外廊）、直接采光的厅、厨房等开设，有的厨房、厅、卫生间利用小天井采光，采光效果如同间接采光。

[分析方法]

建筑对日照的要求主要是根据它的使用性质和当地气候情况而定。气候寒冷地区的建筑如病房、幼儿活动室等一般都需要争取较好的日照，而在气候炎热地区的夏季一般建筑都需要避免过量的直射阳光进入室内，尤其是展览室、绘图室、化工车间和药品库都要限制阳光直射到工作面或物体上，以免发生危害。

由于建筑物的配置、间距或者形状造成的日影形状是不同的。对于行列式或组团式的建筑，为了得到充分的日照，必须考虑南北方向的楼间距。在我国一般居住建筑中，要求冬至日的满窗日照时间不低于1h，有的国家则要求得更高。最低限度日照要求的不同，建筑所在地理位置即纬度的不同，使得建筑物南北方向的相邻楼间距要求也不同。

为了获得天然光，在建筑外围护结构上（如墙和屋顶等处）设计各种形式的洞口，并在其外装上透明材料，如玻璃或有机玻璃等，这些透明的孔洞统称为采光口。可按采光口所处的位置将它们分为侧窗和天窗两类。

最常见的采光口形式是侧窗，它可以用于任何有外墙的建筑内。但由于它的照射范围有限，故一般只用于进深不大的房间采光。这种采光形式称为侧窗采光。任何有屋顶的室内空间均可使用天窗采光。由于天窗位于屋顶上，在开窗形式、面积、位置等方面受到的限制较少，因而无论从分布方式和数量上，都容易控制室内照度。同时采用这两种采光形式时，称为混合采光。

采光口在为室内提供天然光照度的同时，一般情况下也兼做通风口，同时又是保温隔热的薄弱环节，对于有爆炸危险的房间还可作为泄爆口。故在选择采光口时必须针对具体房间，结合其用途综合考虑。

P 场地设计
lanning

场地设计部分，是建筑师在场地布局阶段根据严寒地区气候特点并结合场地禀赋合理的规划与布局的过程。建筑师应根据不同的场地条件进行分析，在与自然环境协调的基础上，考虑土地容量、风貌影响，以及环境资源的合理利用选取最适宜的场地交通组织、建筑体量布局，形成最优的绿色建筑布局方案。

P1场地部分关注生态保持与科学的场地禀赋，包括自然环境协调、规划设计研究、环境资源利用三个方面，是针对场地内部及周边前置条件的科学分析与充分研究。

P2布局部分注重交通组织与建筑布局，包括场地交通组织、建筑体量布局、生物气候设计三个方面，是针对场地特点进行最优的场地组织。

Planning

[目的]

严寒地区应在结合地域气候与环境特征的前提下，根据场地安全性的要求，科学地进行公共建筑场地选址，同时考虑采取相应的治理与防护措施避免安全隐患。

[设计控制]

（1）根据自然环境条件，科学合理地进行公共建筑场地选址，避免各类自然灾害与环境污染的威胁。

（2）针对公共建筑场地内部存在的各类安全隐患，采取有效的治理与防护措施，确保符合各项安全标准。

[设计要点]

`P1-1-1_1` 自然灾害

（1）根据《绿色建筑评价标准》GB/T 50378—2019第4.1.1条规定，场地应避开滑坡、泥石流等地质危险地段，易发生洪涝地区应有可靠的防洪涝基础设施。场地的防洪设计应符合现行国家标准《防洪标准》GB 50201及《城市防洪工程设计规范》GB/T 50805的规定；抗震防灾设计应符合现行国家标准《城市抗震防灾规划标准》GB 50413及《建筑抗震设计规范》GB 50011的要求。

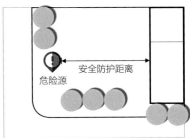

场地与各类危险源的距离应满足安全防护距离要求

（2）根据《冻土地区建筑地基基础设计规范》JGJ 118—2011第3.2.1条规定，多年冻土地区建筑地基基础设计前应进行冻土工程地质勘察，查清建筑场地的冻土工程地质条件。

（3）根据《绿色建筑评价标准》GB/T 50378—2019第4.1.1条规定，建筑场地与各类危险源的距离应满足相应危险源的安全防护距离等控制要求，对场地中的不利地段或潜在危险源应采取必要的避让、防护或控制、治理等措施。

不利地段或潜在危险源的处理方式

`P1-1-1_2` 环境污染

（1）根据《绿色建筑评价标准》GB/T 50378—2019第4.1.1条规定，场地应无危险化学品、易燃易爆危险源的威胁，应无电磁辐射、含氡土壤等危害。

（2）对场地中存在的有毒有害物质应采取有效的治理与防护措施进行无害化处理，确保符合各项安全标准。采用合适的绿化手段，发挥降低空气污染和噪声污染等环境污染的功效。

（3）冰冻季节，为降低道路喷洒盐类物质对沿线土壤、植被造成的腐蚀伤害风险，在受影响区域宜种植耐盐植物替代普通绿化。对于已经形成盐污染的土壤，可以进行土壤的生态恢复，种植碱茅草等具有明显改土效应的植物。

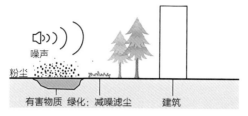

绿化手段降低环境污染

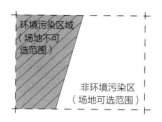

场地选址不应选择在环境污染区

相关规范与研究

（1）那云龙，车富强. 高寒地区浅基础埋深问题[J]. 工程地质学报，2001（02）：223-224.

由于地质地理、水文地质及地面覆盖等条件的不同，可能引起同一地区不同地段冻结深度的变化。而且同一地段的不同冻结深度，其冻胀强度也不同。由于季节冻深的多变性，从而决定了

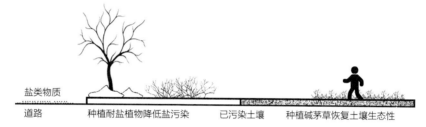

对土壤进行生态恢复

建筑物浅基础埋深的复杂性。要综合建筑场地的水文地质与工程地质条件，以及地基土的冻胀性、标准冻深等条件，合理地确定基础的最小埋深。

（2）孙波，宫伟，李虹，等. 寒地植物冬态滞尘能力及其影响因子探讨[J]. 中国农学通报，2018，34（16）：51-56.

滞尘性是植物对空气污染改善能力的关键评判指标之一。研究表明，寒地植物冬态滞尘性与植物的冠幅、株高、分枝类型、叶片及枝干粗糙程度、总叶面积、叶片大小、生长趋向及宿存组织等影响因子显著相关。

（3）张庆费，郑思俊，夏檑，等. 上海城市绿地植物群落降噪功能及其影响因子[J]. 应用生态学报，2007（10）：2295-2300.

植物群落降噪效果与群落内部结构及植物形态有关。绿地长度、宽度、群落叶面积指数、平均枝下高、盖度、平均冠幅等均对植物群落降噪效果产生显著影响。

（4）马超颖，李小六，石洪凌，等. 常见的耐盐植物及应用[J]. 北方园艺，2010（03）：191-196.

耐盐植物在盐碱地生物修复中具有重要的作用，不仅可以脱去盐碱土壤中的盐分，还能减少土壤蒸发，阻止耕作层盐分积累，增加土壤有机质，改善土壤肥力，改变土壤中微生物的分布。

Planning

[目的]

严寒地区应在结合地域气候与环境特征的前提下，根据公共建筑场地实际状况，保护生态环境与生物多样性。

[设计控制]

（1）对场地可利用的自然资源进行勘查，充分利用原有地形、地貌、水体和植被，尽量减少土石方工程量和对场地及周边环境生态系统的破坏。

（2）在建设过程中确需进行改造时，应采取生态恢复或补偿措施，包括保护和回收利用场地表层土以及对污染水体的净化处理，以恢复场地原有动植物生存环境。

[设计要点]

（1）建设项目应对场地可利用的自然资源进行勘查，充分利用原有地形地貌，尽量减少土石方工程量，减少开发建设过程对场地及周边环境生态系统的改变，包括原有水体和植被，特别是大型乔木。

（2）根据《绿色建筑评价标准》GB/T 50378—2019第8.2.1条规定，在建设过程中确需改造场地内的地形、地貌、水体、植被等时，应在工程结束后及时采取生态复原措施，减少对原场地环境的改变和破坏。表层土含有丰富的有机质、矿物质和微量元素，适合植物和微生物的生长。保护和回收利用场地表层土是土壤资源保护、维持生物多样性的重要方法之一。

（3）项目地块应注重与其他街区的绿色空间进行串联，并考虑采用复合的植物配置模式，保护场地的生态环境与生物多样性。

（4）根据场地实际状况，采取其他生态恢复或补偿措施，如对土壤进行生态处理、对污染水体进行净化和循环、对植被进行生态设计，以恢复场地原有动植物生存环境等。

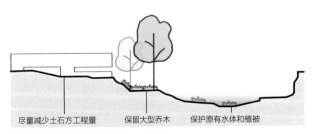

减少土石方工程量，保护原有水体和植被

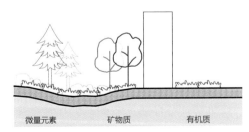

保护和回收利用场地表层土壤

相关规范与研究

温丹丹，解洲胜，鹿腾. 国外工业污染场地土壤修复治理与再利用——以德国鲁尔区为例[J].中国国土资源经济，2018，31（05）：52-58.

在土壤修复治理方面，德国的理念是保护土壤的某种功能，满足未来规划用地需求，而不是对土壤进行100%的修复治理。德国鲁尔区主要采取以下几种常用措施治理污染土壤：

（1）去除污染源，把污染物清挖后换土；

（2）建筑隔离墙；

（3）铺隔离、保护层；

（4）微生物技术；

（5）气相抽提；

（6）隔离封闭，把污染物集中并用隔离膜封闭。

当污染分布范围大、深，且对地下水也已经造成污染，污染源进行清挖、换土费用太高时，选择就地隔离封闭处理，阻止污染物进一步扩散，在隔离层之上进行景观再造，改造成为休闲场所。当地下水已经被污染，且被污染地下水正在向周边扩散，通常布井或者设置地下建筑深沟对污染的地下水进行截流，并进行永久抽排，然后通过地面净化装置进行处理。

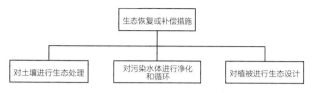

生态恢复或补偿措施

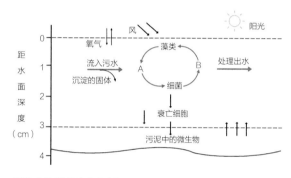

污染水体进行净化和循环

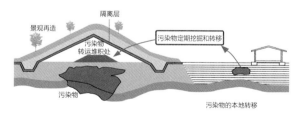

安全隔离工程

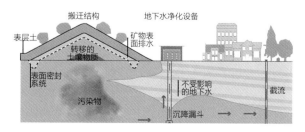

污染场地污染物隔离与地下水抽排净化处理

Planning

[目的]

　　严寒地区应在结合地域气候与环境特征的前提下，充分发挥公共建筑场地生态资源优势，提升场地环境的生态效益和景观效益。

[设计控制]

　　（1）根据严寒地区的气候环境条件，结合光照与风环境等物理环境特征进行公共建筑场地选址与布局，同时考虑提高绿地的空间利用率。

　　（2）合理选择绿化方式，科学配置绿化植物，种植适应当地气候和土壤条件的植物，注重四季兼顾，并突出场地的冬季景观环境特色。

[设计要点]

P1-1-3_1　生态环境

　　（1）对公共建筑场地及所在地段的微气候环境进行评估，以掌握场地所在地段既有的微气候条件、特征，为场地的气候适应性布局建立基础。

　　（2）项目应优先选址在向阳避风地段，以利于冬季保温防风。

　　（3）应充分尊重现有基址，解译场地自然基底，识别高敏感自然基址及最适宜的地域性植被群落并予以规避，对土壤特性进行分析，选定适宜建设单元。改造项目宜在建设用地原址进行建设，减小建筑建设对基地土壤的扰动。

　　（4）根据《绿色建筑评价标准》GB/T 50378—2019第8.2.1条，应合理搭配乔木、灌木和草坪，以乔木为主，能够提高绿地的空间利用率、增加绿量，使有限的绿地发挥更大的生态效益和景观效益。同时针对严寒地区特点，采用常绿乔木，有利于冬季防风。

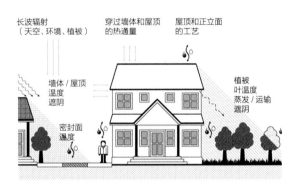

对场地及所在地段的微气候环境进行科学评估

针对严寒地区特点合理搭配植被利于冬季防风

相关规范与研究

闫水玉，杨会会. 近代美国规划设计中生态思想演进历程探索[J]. 国际城市规划，2015，30（S1）：49-56.

对自然资源的重视与保护，应从自然和城市整体的角度考虑，采取自然功能化的方式，使自然在其生态系统中发挥其应有的功能；在人与自然系统、保护和发展之间建立平衡关系；此外，应综合考虑自然本身的各种因素：土壤、地形、水文、气候、植被和栖息地，从而使对自然的开发利用与场地特征、自然过程协调一致。

建筑布局满足当地的日照和风环境条件，建筑的主要朝向应尽量取南向，以充分利用太阳能解决建筑物的采暖和照明。建筑物的正面应尽量垂直于主导风向，建筑物之间避免完全的遮挡，使建筑物前后形成正负风压，有利于组织风压通风。在设计中，可利用植物的配置优化场地的风环境，以利于夏季透风冬季挡风。

室外场地应确保足够的绿地率和绿量的要求，尽可能设置人工湿地、采用植被屋面，对乔、灌、草进行科学、合理的搭配，形成小范围的植物群落，发挥植被的生态功能，改善室外热环境和空气质量，提高绿化效率。在植被选择上，以本地常见植物品种为主，尽量保持物种的多样性。

P1-1-3_2 景观环境

（1）利用场地及其周边环境中的积极景观要素，规避消极景观要素。使场地与建筑融入周边环境，考虑与周边街道景观、建筑景观、植被景观等的协调衔接。注重突出场地的冬季景观环境特色。

（2）采用本土植被，并增加环境绿化，在不同的植物组团中宜注重植物在一年四季中的景观变化。

Planning

典型案例　**哈尔滨松北中俄科技文化交流广场**

（哈尔滨工业大学建筑设计研究院、法国VALODE ET PISTRE（VP）建筑设计事务所设计作品）

　　本项目充分利用绿地自身的地形优势，结合景观布置，通过设置速渗井、线性草沟、生态湿地等，使雨水汇流、净化、下渗和收集。

　　绿廊形成调蓄枢纽"雨水廊道、行虹廊道、慢性廊道"，最大限度地实现雨水的存储和回用，成为城市的生态项链和广大市民的休憩氧吧。

　　绿色雨水基础设施发挥自然生态功能和人工干预功能。

　　场地与建筑和周边街道景观、建筑景观、植被景观等协调衔接。

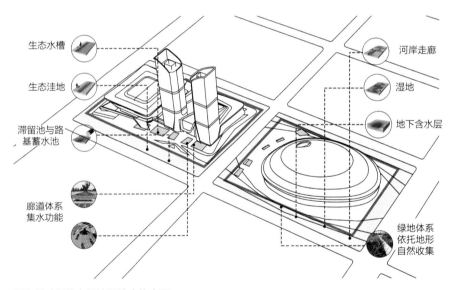

生态水槽

生态洼地

滞留池与路基蓄水池

廊道体系集水功能

河岸走廊

湿地

地下含水层

绿地体系依托地形自然收集

绿色基础设施在场地设计中的应用

[目的]

严寒地区公共建筑场地的土地容量设定应在结合地域气候与环境特征的前提下，遵照节约集约利用土地的原则，采用合理的容积率，创造更高的绿地率，提供更多的开敞空间或公共空间。

[设计控制]

（1）对商业类公共建筑，在保证其基本功能及室外环境的前提下应按照所在地城乡规划的要求采用合理的容积率。

（2）按照所在地相应的绿地管理控制要求，在场地内合理设置绿化用地，并提供更多的公共活动空间。

（3）合理开发利用地下空间，并与地上建筑及其他相关城市空间紧密结合、统一规划。

[设计要点]

P1-2-1_1 容积率

结合气候条件、地形条件、建筑性质等前提条件，尽量集约利用土地。根据《黑龙江省控制性详细规划编制规范》DB23/T744—2004第4.2.1条，旧区中心区多层商业建筑容积率建议1.5～2.5，旧区一般地区多层商业建筑容积率建议1.2～2.2，新区多层商业建筑容积率建议1.2～2.0。大城市高层建筑的容积率可在此基础上上浮50%～100%，新区宜取下限值。

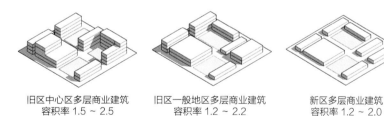

旧区中心区多层商业建筑　　旧区一般地区多层商业建筑　　新区多层商业建筑
容积率 1.5 ～ 2.5　　　　　容积率 1.2 ～ 2.2　　　　　容积率 1.2 ～ 2.0

严寒地区商业建筑容积率建议

P1-2-1_2 绿地率

根据《绿色建筑评价标准》GB/T 50378—2019第8.2.1条，为保障城市公共空间的品质、提高服务质量，每个城市对城市中不同地段或不同性质的公共设施建设项目，都制定有相应的绿地管理控制要求。公共建筑项目应优化建筑布局，提供更多的绿化用地，创造更加宜人的公共空间；鼓励在绿地或绿化广场设置休憩、娱乐等设施，并定时向社会公众免费开放，以提供更多的公共活动空间。

Planning

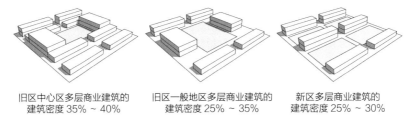

旧区中心区多层商业建筑的
建筑密度 35% ~ 40%

旧区一般地区多层商业建筑的
建筑密度 25% ~ 35%

新区多层商业建筑的
建筑密度 25% ~ 30%

严寒地区商业建筑的建筑密度建议

P1-2-1_3 建筑密度

（1）根据《黑龙江省控制性详细规划编制规范》DB23/T 744-2004第4.2.1条，旧区中心区多层商业建筑的建筑密度建议35%~40%，旧区一般地区多层商业建筑的建筑密度建议25%~35%，新区多层商业建筑的建筑密度建议25%~30%。

（2）根据《绿色建筑评价标准》GB/T 50378—2019第7.2.2条，合理开发利用地下空间，在满足人防工程面积的前提下，依据实际情况进行地下空间

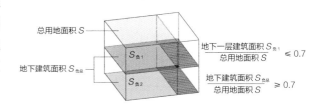

地下建筑面积比例要求

开发。地下建筑面积与总用地面积之比建议≥0.7，地下一层建筑面积与总用地面积的比率建议≤0.7。

（3）根据《绿色建筑评价标准》GB/T 50378—2019第7.2.2条，地下空间的开发利用应与地上建筑及其他相关城市空间紧密结合、统一规划，但从雨水渗透及地下水补给、减少径流外排等生态环保要求出发，地下空间也应利用有度、科学合理。

相关规范与研究

（1）赵寅钧. 浅析寒地城市地下商业空间设计——以哈尔滨红博广场地下商业为例[J]. 四川建筑，2011，31（01）：67-69.

在寒地城市，地下商业空间以其冬暖夏凉的特点，为城市居民提供了一个"全天候"的步行、休憩、购物场所，可以使寒地城市的人们同样不受季节约束，有机会参与各式各样的活动。地下商业街出入口在

防风保温处理上应充分体现寒地城市的特色。出入口应做好防风挡雪设施，避免开向寒地城市冬季主导风向的方向，并为冬季人们防风避雪留有一定空间，可以设置过渡区域，如下沉广场等，建立连接地下空间和地面空间的灰空间。同时，应使入口获得充足的采光，保证入口有良好的朝向，以使出入口处的热量损失最小化。

（2）周旭，李松年，王峰. 探索城市地下空间的可持续开发利用——以多伦多市地下步行系统为例[J]. 国际城市规划，2017，32（06）：116-124.

地下空间系统通过中庭来连接高层建筑，将富有阳光空气感的室外空间纳入室内，形成内外空间的有机交融；同时这些空间兼具服务功能，有咖啡馆、餐厅、零售店等，为使用者提供便利。

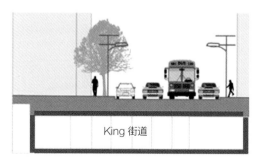

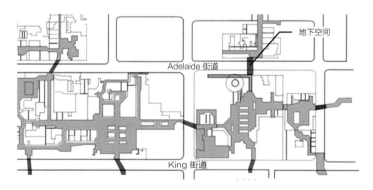

地下空间系统局部平面示意
改绘自: Chan C L. The City Under the City: In/to the PATH[D]. The University of Waterloo，2015.

地下空间系统局部剖面示意
改绘自: Chan C L. The City Under the City: In/to the PATH[D]. The University of Waterloo，2015.

Planning

[目的]

严寒地区应在结合地域气候与环境特征的前提下，充分挖掘可再生资源，科学合理地设置市政基础设施及公共服务设施，提升资源利用效率。

[设计控制]

（1）根据能源需求，充分利用可再生资源进行能源供给。

（2）根据公共服务需求，合理配置配套服务设施，为居民提供便利的公共服务。

[设计要点]

`P1-3-1_1` 可再生能源

充分利用可再生能源，对场地进行发电、照明、供暖等能源供给。

`P1-3-1_2` 市政基础设施

雨水、污水、给水、电力、电信、热力、燃气等市政基础设施的管线敷设应注意防冻保温处理。在场地内设置冬季临时积雪堆放场地，便于积雪清理。

`P1-3-1_3` 公共服务设施

（1）宜提供便利的公共服务，配套辅助设施设备共同使用、资源共享，可向社会公众提供开放的公共服务设施，可错时向周边居民免费开放。

（2）公共建筑的功能可适当复合设置，配套的设施设备共享。主要服务功能在建筑内部混合布局，部分空间共享使用，如建筑中设有共享的会议设施、展览设施、健身设施以及交往空间、休息空间等；合理整合配套辅助设施设备所占空间，如建筑或建筑群的车库、锅炉房或空调机房、监控室等。

可再生能源的利用

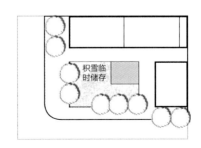

场地内部设置积雪堆放场地

停车场地错时共享

- 共享会议室
- 共享展览厅
- 共享健身房
- 共享休息室
- 共享交往处

建筑内部功能适当复合设置

- 共享车库
- 共用锅炉房
- 共用空调机房
- 共用监控室

配套设施设备共享使用

相关规范与研究

（1）张艾欣，刘杨庆. 西方国家冰雪资源利用现状与发展趋势探讨[J]. 建筑与文化，2018（02）：174-175.

通过地下热水管道进行融雪，整个过程包括流雪沟、融雪槽、就近型雪处理设施、积雪处理厂，以及多功能化、能源化储雪等环节。其中，积雪收集投入融雪槽，利用电能将其融化，进行水质进一步处理后可作为清洁用水或灌溉植物用水。

（2）冷红. 寒地城市环境的宜居性研究[M]. 北京：中国建筑工业出版社，2009.

札幌市早在20世纪60年代就已经开始在部分人行道下安装加热融雪系统，并且一步步推广。目前市区一些建筑屋顶和一些道路下都使用了以电和燃油为能源的屋顶融雪系统和街道融雪系统等现场融雪设备，虽然对电和燃油等高质量能源有一定耗费，但可以在较短的时间内融化积雪。日本青森市建立两种人行道融雪系

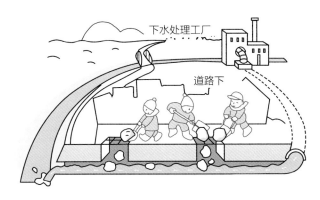

街区内部的流雪沟及地下管道系统

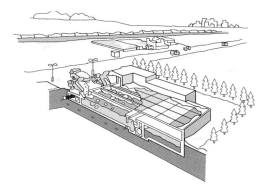

利用余热将冰雪融化后进行水质处理的融雪槽

统，融雪方式有两种：一种是通过管道运送经过加热的海水，利用海水的热量来融化积雪；另一种则是利用地热融化人行道和停车场积雪。为了防止融化的雪水污染海水，青森市建立了一个系统对雪融化后的废水进行处理，从而获得清洁的融化雪水流入大海。

札幌市安装有融雪设施的步行道
改绘自：冷红. 寒地城市环境的宜居性研究[M]. 北京：中国建筑工业出版社，2009：95-96.

电话亭入口地面融雪
改绘自：冷红. 寒地城市环境的宜居性研究[M]. 北京：中国建筑工业出版社，2009：95-96.

消火栓周围融雪
改绘自：冷红. 寒地城市环境的宜居性研究[M]. 北京：中国建筑工业出版社，2009：95-96.

[目的]

　　严寒地区应在结合地域气候与环境特征的前提下，结合公共建筑场地设计要求，充分协调与利用场地内部环境资源。

[设计控制]

　　（1）根据严寒地区气候特征，结合地形地貌进行公共建筑场地设计与建筑布局，保护和利用场地内原有的自然水域、植被、湿地和既有建筑。

　　（2）在强冻胀土上建造房屋时，注意采取防冻切力作用破坏的措施，以加强建筑地基的稳固性。

[设计要点]

`P1-3-2_1` 地质地貌

　　（1）项目应尽可能避免选址在坡度过大地段，以减少土方量、降低施工难度，同时保证场地冬季使用安全性。

　　（2）在选择基地时，应尽可能避开暗塘、河沟以及不适宜作天然地基的基地。并充分考虑冻土厚度对建筑基础的影响。选择具有良好承载力的土层作地基，不仅可以减小地基的处理费用，还可降低基础造价，保证建筑物的安全。

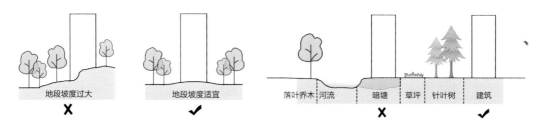

| 地段坡度过大 | 地段坡度适宜 | | 落叶乔木 河流 | 暗塘 | 草坪 | 针叶树 | 建筑 |

建筑选址应尽可能避免坡度过大地段　　　　建筑选址应尽可能避开暗塘、河沟等地段

`P1-3-2_2` 场地水环境

　　（1）结合现状地形地貌进行场地设计与建筑布局，尽量减少对场地内原有的自然水域、湿地的破坏。

　　（2）根据《绿色建筑评价标准》GB/T 50378—2019第8.2.1条，合理规划地表与屋面雨水径流，对场地雨水实施外排总量控制，其场地年径流总量控制率宜达到55%～70%。年径流总量控制率不宜超过85%。年径流总量控制率为55%、70%或85%时对应的降雨量（日值）为设计控制雨量。统计年限宜选取30年。

（3）场地设计应合理评估和预测场地可能存在的水涝风险，尽量使场地雨水就地消纳或利用，防止径流外排到其他区域形成水涝和污染。径流总量控制同时包括雨水的减排和利用，实施过程中减排和利用的比例需依据场地的实际情况，通过合理的技术经济比较，来确定最优方案。

P1-3-2_3　场地土壤环境

（1）弱冻胀土是良好的地基，基础可以浅埋，并且可以冬季施工。

（2）在强冻胀土建造房屋，需采取以下防冻切力作用破坏的措施：

①适当填土：室外地面应高出自然地面标高0.4~0.5m，并做好散水坡，以减少房屋周围水分聚集。

②基础形式的选择：尽量采用现浇钢筋混凝土条形或钢筋混凝土柱下独立基础形式，基础侧面须用炉渣、中砂等材料回填。

③采用砂垫层：对基础采用砂垫层，砂垫层深度应不小于基础埋深要求，宽度应比基础边缘大20cm。

P1-3-2_4　原生植被

结合现状植被进行场地设计与建筑布局，保护并利用场地内原有植被。

P1-3-2_5　既有建筑

对既有建筑进行建筑质量和保留价值评估，保护并利用场地内有保留价值的原有建筑，并结合保留建筑进行场地设计与建筑布局。

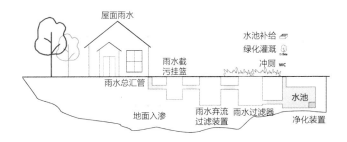

场地内部的雨水循环利用

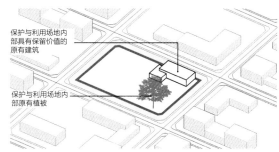

结合现状植被与保留建筑进行场地设计与建筑布局

相关规范与研究

李玉鹏，李立波，刘延明. 浅谈影响基础埋深的主要因素[J]. 中国新技术新产品，2011（11）：90-91.

对建筑场地进行勘察时，若场地处于冻胀区域内，应注意在季节冻结深度内取原状土，以测定天然含水量，为地基土的冻胀性分类提供准确依据。同时综合考虑基础埋置深度的影响因素，统筹安排场地的利用，具体包括以下几个方面：

（1）建筑物的用途，有无地下室、设备基础和地下设施，基础的形式和构造的影响。

（2）作用在地基上的荷载的大小和性质的影响。

（3）工程地质和水文地质条件的影响。一般情况下，基础应设置在坚实的土层上，优先考虑采用天然地基和浅基础，当表层软弱土较厚时，可考虑采用人工地基和深基础。基础宜埋置在地下水位以上，当必须埋在地下水位以下时，宜将基础底面埋置在最低地下水位以下不小于200mm的位置。

（4）相邻建筑物基础埋深的影响。

Planning

[目的]

严寒地区公共建筑场地的外部交通组织应在结合地域气候与环境特征的前提下，根据场地交通环境，完善交通及基础设施配置，同时考虑合理布设场地出入口。

[设计控制]

（1）结合地域内主要交通出行方式，按便捷可达原则，完善出入口步行距离适宜范围内的交通及基础设施的配置，使公共建筑场地与公共交通设施具有便捷的联系。

（2）根据公共建筑场地外部交通环境，合理设置场地出入口，提升场地出入便利性的同时鼓励步行活动。

[设计要点]

P2-1-1_1　交通及基础设施

场地与公共交通设施具有便捷的联系：

（1）根据《绿色建筑评价标准》GB/T 50378—2019第6.2.1条，场地出入口步行距离800m范围内宜设有2条及以上线路的公共交通站点（含公共汽车站和轨道交通站）。宜使场地出入口到达公共汽车站的步行距离不大于500m。

（2）有便捷的人行通道联系公共交通站点。可结合所处区位，视经济性、人流量、使用频率等情况，设置空中连廊、建筑外平台等与公共站点相连。

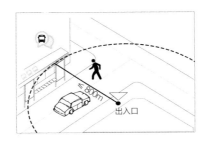

场地出入口步行距离800m范围内设2条及以上线路的公共交通站点

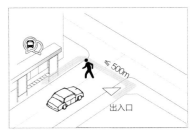

场地出入口到达公共汽车站的步行距离不大于500m

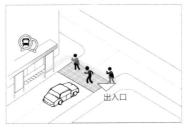

通过便捷的人行通道联系公共交通站点

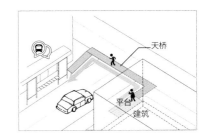

设置空中连廊、建筑外平台与公共站点相连

合理设置场地出入口

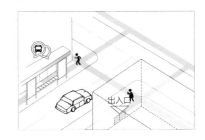

建筑出入口与城市区域的步行联系

P2-1-1_2 出入口

（1）在选址与场地规划中应结合场地周边道路等级、人流来向等情况，合理设置场地出入口。

（2）应重视建筑出入口的步行环境及其与场地外城市区域的便捷联系，鼓励步行活动。

相关规范与研究

（1）蒋存妍，冷红. 寒地城市空中连廊使用状况调研及规划启示[J]. 建筑学报，2016（12）：83-87.

对美国寒地城市明尼阿波利斯市空中连廊的使用状况进行的调研分析结果表明，建设空中连廊具有相当高的公众认可度，其对于使用者抵抗冬季恶劣气候环境、提升出行的便捷性具有重要意义。

在严寒地区城市建设空中连廊，合理选址是首要考虑的问题。城市空中连廊不等同于人行天桥，其除了具备连接与贯穿周边建筑的作用以外，还需在有限的空间内承载大量的商业活动。因此，我国的城市空中连廊选址应布置在建筑布局紧凑、街坊尺度密集的市中心，使用者在地面层通过此类街区时需要横跨多条马路，用空中连廊衔接两侧建筑，极大地增加了便捷性与安全性，同时有效地引导人车分流，增强商业氛围。

（2）冷红. 寒地城市环境的宜居性研究[M]. 北京：中国建筑工业出版社，2009.

卡尔加里市拥有世界上最大规模的空中步道系统，共有40座天桥以及10km长的走道，连接办公楼、商业零售和娱乐设施、广场、停车场以及其他室内和室外的开放空间。该系统是城市交通和开放空间体系的重要组成部分，防护不利气候是建设这一系统最重要的目标之一。其有效地实现了人车分离，提高了片区内公共建筑、室内外空间的可达性。

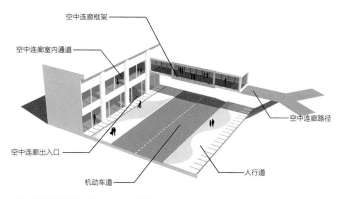

明尼阿波利斯市的空中连廊示意

加拿大卡尔加里市中心空中连廊实景

改绘自：冷红. 寒地城市环境的宜居性研究[M]. 北京：中国建筑工业出版社，2009.

Planning

Planning

[目的]

严寒地区公共建筑场地的内部交通组织应在结合地域气候与环境特征的前提下，根据场地内部人车通行需求，合理组织道路交通，完善无障碍设计，同时妥善安排静态交通。

[设计控制]

（1）根据公共建筑场地内部人车通行特点，依照便捷性、安全性原则，合理组织道路交通流线，避免车行对人行、活动场所产生干扰。

（2）结合公共建筑场地步行交通需求，依照安全性原则，考虑无障碍设计并注重冬季防滑。

（3）根据停车场地与设施使用要求，依照舒适性、集约性、安全性原则，合理安排静态交通。

[设计要点]

P2-1-2_1 道路组织

（1）地面停车场尽量设在场地内建筑的西侧和北侧。活动场地、步道及建筑人行入口尽量设在场地内建筑的南侧，远离建筑阴影区与建筑墙面，保持充足日照的同时避免高空冰雪坠落造成的危险。

步道、场地靠近　步道、场地远离建
建筑墙面　　　　筑墙面

（2）施行降低车速的措施，减少交通流交叉，营造通畅、安全、便利的场地通行环境。

P2-1-2_2 无障碍设计

（1）场地内步道应采用无障碍设计。地面铺装应选用表面平整但不光滑的材料。

（2）在冬季于场地建筑入口、主要步行道等使用频率较高的地点铺设防滑地垫（如地毯），保障安全性。

光滑地面铺装　　防滑地面铺装　　入口铺设防滑
地垫

P2-1-2_3 静态交通

（1）根据《绿色建筑评价标准》GB/T 50378—2019第6.1.4条和第7.2.3条，合理设置停车场所，并按下列要求设计：自行车停车设施位置合理、方便出入，且宜有遮阳、防雨雪措施；合理设置机动车停车设施，宜采用机械式停车库、地下停车库或停车楼等方式节约集约用地；采用错时停车方式向社会开放，提高停车场（库）使用效率。

（2）应保障地下车库坡道的安全防滑。

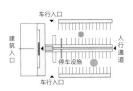

合理设置停车设施　　　采用停车楼

典型案例 哈尔滨松北中俄科技文化交流广场
（哈尔滨工业大学建筑设计研究院、法国VALODE ET PISTRE（VP）建筑设计事务所设计作品）

与城市的主要车行衔接设置在地下层。地面层设置控制性的车行出入口，在赛时或会时的管控使用，同时平时办公商务等也可临时使用，提高场地交通的使用效率。

地面停车场主要布设在场地内建筑的西侧和北侧，活动场地主要布设在场地内建筑的南侧。

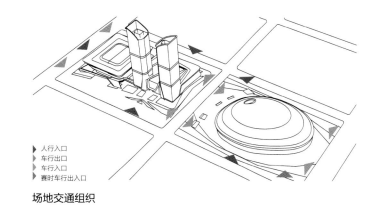

▶ 人行入口
▶ 车行出口
▶ 车行入口
▶ 赛时车行出入口

场地交通组织

哈尔滨华润·欢乐颂

（哈尔滨工业大学建筑设计研究院、上海域达建筑设计咨询有限公司设计作品）

场地与城市的接驳、机动车流线、人行动线都被妥善而高效地安置。两个主入口区域布置了宽阔且尺寸适宜的广场空间，加强了综合体与城市道路的连接关系。设置不同的下客区及不同功能区域的出入口空间，简洁有序。

项目还提供了大量的地下停车空间，通过最有效的手段缓解了城市交通的压力。项目共设置3处商业地下车库出入口，满足小型客车和小型货车以及大中型货车出入地下室的需求。

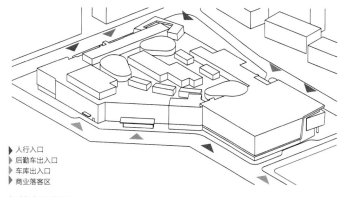

▶ 人行入口
▶ 后勤车出入口
▶ 车库出入口
▶ 商业落客区

场地交通组织

Planning

[目的]

严寒地区公共建筑场地的空间布局应在结合地域气候与环境特征的前提下，根据场地舒适性要求与建筑功能特点，营造尺度舒适、间距适宜的空间环境，同时保障场地集约利用。

[设计控制]

（1）根据公共建筑场地舒适性要求，按向阳、避风、保温原则，注重建筑之间的间距保持以及与周边建筑的间距控制，营造尺度舒适的场地空间环境。

（2）根据建筑功能，注重考虑公共建筑场地空间利用效率的提升，合理布局场地。

[设计要点]

P2-2-1_1 建筑间距

严寒地区场地应满足冬季防寒并尽可能多地获得日照，采用合理的空间布局，保持适宜的建筑间距，并注意与周边建筑的间距控制。宜将建筑入口布置于防风向阳地区。在满足安全疏散的条件下，将建筑形体与城市开放空间有机融合，营造尺度舒适的空间环境。

P2-2-1_2 场地集约利用

（1）应根据建筑功能合理布局场地，提升场地空间的利用效率。

（2）宜进行适应并调节气候的建筑总体形态布局。严寒地区建筑群宜满足日照、保温需要采取的适宜间距，并以错动的形态降低强风的穿越；建筑单体严格约束体形系数，以尽量少的外包裹面避免热损失。

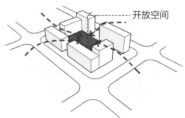

建筑形体与城市开放空间融合

适宜的建筑间距

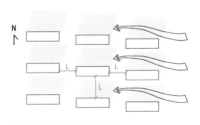

错动形态降低强风穿越

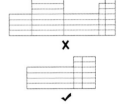

建筑体形系数约束

相关规范与研究

韩冬青，顾震弘，吴国栋. 以空间形态为核心的公共建筑气候适应性设计方法研究[J]. 建筑学报，2019（04）：78-84.

Planning

公共建筑的场地规划布局可以借助传统经验的传承和再创造，通过非耗能的方式实现对地段微气候的利用、调节和优化。其中，既有环境中的场地空间组合形态的把握最为重要。形体组合一方面参与场地微气候的调节，另一方面也为建筑内部空间的气候性能化设计创造条件。方位朝向的选择、基本建筑形体的决策、间距密度的配置等措施使场地的气候适应性进一步得以落实，并可通过性能模拟和运算生成展开场地微气候的评估与优化。

典型案例 新疆乌鲁木齐冰上运动中心
（哈尔滨工业大学建筑设计研究院设计作品）

项目从新疆自然环境与历史文脉入手，将体育建筑与自然景观有机融合。设计中采用防风御寒的围合式建筑群体布局，有效阻挡寒风侵袭，改善局部环境的微气候。功能布局与交通流线充分考虑建筑之间的便利联系以及赛事的合理组织，根据灵活的赛时及赛后使用需求，创造多样化的活动空间，缩短室外活动路径，提升场馆的可达性。

建筑单体设计根据气候特征，综合建筑功能、形态等需要，合理组织和协调各建筑元素，使建筑具有较强的气候适应和调节能力，削弱冬季不良气候对热舒适环境的不利影响。

建筑造型利用高效导风的流线型屋盖形态减少屋面雪荷，优化建筑形体，实现节能降耗。

防风御寒的围合式建筑群体布局

场地空间布局示意

Planning

[目的]

严寒地区公共建筑场地的空间布局应在结合地域气候与环境特征的前提下，充分考虑日照朝向与风环境影响，合理布局场地空间，改善其物理环境。

[设计控制]

（1）根据日照标准要求，对公共建筑进行合理的朝向布置，争取更好的日照采光效果。

（2）考虑城市冬季主导风向，对公共建筑进行合理的布局与形体设计，降低冬季冷风侵袭。

[设计要点]

P2-2-2_1 日照朝向

（1）根据《绿色建筑评价标准》GB/T 50378—2019第8.1.1条，建筑规划布局应满足日照标准，且不得降低周边建筑的日照标准。其中"不降低周边建筑的日照标准"是指对于新建项目的建设应满足周边建筑有关日照标准的要求。对于改造项目分两种情况：周边建筑改造前满足日照标准的，应保证其改造后仍符合相关日照标准的要求；周边建筑改造前未满足日照标准的，改造后不可再降低其原有的日照水平。

（2）建筑群的形体布局开口方向宜为南向，以争取更多日照采光，改善建筑群内部的物理环境。

P2-2-2_2 风环境影响

（1）建筑群采用L形、U形或口字形等防风式布局，通过围合式布局降低冬季冷风侵袭，改善建筑群内部的物理环境。

（2）通过建筑形成风屏障减弱冬季主导风速、改变风向，通过建筑形体设计减弱近地面行人区风速。

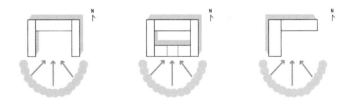

建筑群形体布局开口方向为南向

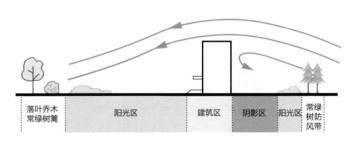

场地布局剖面示意

建筑群采用防风式布局

（3）建筑的位置要有效地避免城市冬季主导风向寒风，以降低建筑围护结构的热能渗透损失。

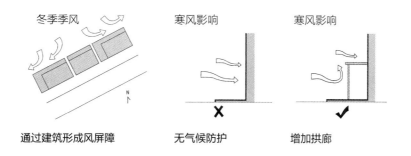

通过建筑形成风屏障　　　　无气候防护　　　　增加拱廊

相关规范与研究

（1）李榕榕，程晓喜，黄献明，等. 基于日照影响下冷热负荷计算的公共建筑"最佳朝向"反思[J]. 建筑学报，2020（11）：99-104.

　　根据不同建筑朝向模拟下建筑全年累积冷热负荷的分析结果显示，建筑朝向变化对建筑全年累计冷热负荷总量的影响较小。从尽量挖掘节能潜力的角度考虑，各城市依然存在"相对"最佳建筑朝向。绘制城市全年累计冷热负荷总和随朝向变化图，可发现哈尔滨的最佳朝向约为南北向至南偏西15º的范围，最不利朝向约为西偏南30º～45º的范围。严寒地区城市建筑冷热负荷受朝向变化的影响更大。

　　在适用于公共建筑节能设计标准的甲类公共建筑（单栋面积大于300m²的建筑或总面积大于1000m²的建筑群）中，由于其在建筑体形系数、窗墙比、围护结构热工性能等方面受到较为严格的标准约束，建筑冷热负荷已经被控制在一定范围内，因而导致建筑朝向因素对于建筑冷热负荷的影响变得较为有限。因此，建筑师在建筑创作中的朝向选择上相对可更自由。在节能设计标准约束较为宽松的乙类小型公共建筑（例如历史传统建筑保护、老旧建设改造等）中，由于其在体形系数、窗墙比、围护结构热工性能等方面的不足或天然缺陷，建筑朝向选择的重要性将大大提升，不利朝向带来的负荷变化的影响效应也会放大，依然应争取所在地域的最佳朝向。

　　（2）宋修教，张悦，程晓喜，等. 地域风环境适应视角下建筑群布局比较分析与策略研究[J]. 建筑学报，2020（09）：73-80.

　　平面布局的离散度对场地建筑群通风性能影响明显。寒地商业建筑过渡季——夏季室外场地行为活动较多，对冬季防寒要求较高，但对室内自然通风需求不高，因此，可以采用"集中式布局"，以利于冬季防寒以及过渡季——夏季室外活动的进行，并依赖机械设备进行室内换气通风。

典型案例 哈尔滨华润·欢乐颂

（哈尔滨工业大学建筑设计研究院、上海域达建筑设计咨询有限公司设计作品）

通过对场地周边风环境进行模拟，在风力较强的位置布置挡风植被，营造良好的风环境。通过对场地进行日照分析，确定合理的建筑间距。根据日照分析结果优化建筑形体，使建筑最大限度地获得向阳得热效果，降低建筑冬季采暖能耗。在建筑主要入口前设置下沉庭院，向阳避风，形成气候缓冲区。

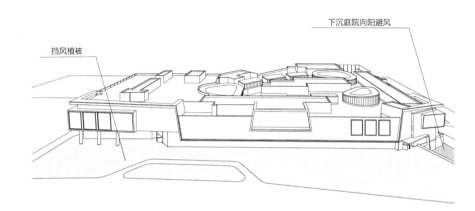

挡风植被

下沉庭院向阳避风

场地微气候环境分析

[目的]

　　严寒地区公共建筑场地的空间布局应在结合地域气候与环境特征的前提下，根据场地所处区域的地形地势特点，合理进行建筑布局与竖向规划。

[设计控制]

　　（1）根据公共建筑场地所处区域的地形地势特点，合理选择建筑基地的布局位置。

　　（2）根据公共建筑场地所处区域的地形地势特点，注重考虑场地道路、坡面、挡土墙等设计的特殊性要求，同时合理进行场地的竖向规划。

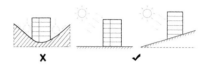

建筑基地选择

[设计要点]

P2-2-3_1 平地

　　（1）建筑的基地宜选择在向阳的平地或者坡上以争取最多的日照。

　　（2）建筑不适宜布置在山谷、洼地、沟底等凹形基地。寒冷的气流会在凹形基地形成冷空气沉积，使建筑底部周围的微环境恶化，影响室内小气候从而增加能耗。

　　（3）根据《城乡建设用地竖向规划规范》CJJ83—2016第5.0.2条，场地道路机动车车行道最小纵坡不应小于0.3%，最大纵坡不应大于6%。道路的横坡宜为1%~2%。

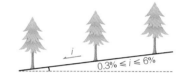

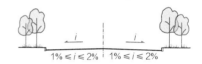

道路纵坡与横坡

P2-2-3_2 坡地

　　场地坡面应进行防滑处理。竖向规划应符合《城乡建设用地竖向规划规范》CJJ 83—2016的有关规定。

P2-2-3_3 台地

　　根据《城乡建设用地竖向规划规范》CJJ83—2016第8.0.4条，台阶式用地的台地之间宜采用护坡或挡土墙连接。根据《城乡建设用地竖向规划规范》CJJ83—2016，第8.0.5条，相邻台地间的高差宜为1.5~3.0m。相邻台地间的高差大于或等于3.0m时，宜采取挡土墙结合放坡方式处理，挡土墙高度不宜高于6m。"台阶应进行防滑处理。

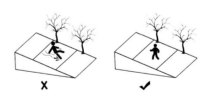

坡面防滑处理

台地间适宜高差

Planning

相关规范与研究

韩冬青，顾震弘，吴国栋. 以空间形态为核心的公共建筑气候适应性设计方法研究[J]. 建筑学报，2019（04）：78-84. 基于生物气候机理的地形利用与地貌重塑，场地微气候随地形地貌的变化而产生不同程度的变化。冷空气沉积于谷底；主导风跟随山谷的走向；自然风在开阔地增强，而在树木阵列后减弱；水体有助于调节气候变化幅度；覆土可助益内部空间冬暖夏凉。这些基本的生物气候认知一方面提示在公共建筑设计中利用地形地貌进行场地总体布局的基本依循，另一方面也揭示了结合建筑布局展开地形地貌重塑的微气候优化潜力。

地景与建筑的有机格局使自然地域气候转化为一种尽可能适宜的局部微气候。这种微气候的调节和优化同时有益于城镇建成环境的整体气候控制。建筑形体空间与地形地貌的有机结合，在总体形态布局的层面，不仅有可能创造出非用能的室外活动场所，也为单体建筑的绿色设计奠定了良好的场地环境。

典型案例 内蒙古罕山生态馆和游客中心

（内蒙古工大建筑设计有限责任公司设计作品）

项目利用山地地势等自然因素架构规划网络，充分体现了建筑布局与环境的有机融合。通过分析山地地形特征与场地坡度，确定了适宜建设的用地范围。根据环境条件以及生态馆和游客中心的使用需求，选择了靠坡而埋的梯度式布局模式，使场地特征和功能需求得以完美结合。设置人行步道体系，形成南向开放空间，减少了土方工程量，有机地利用了景观环境和自然地形。

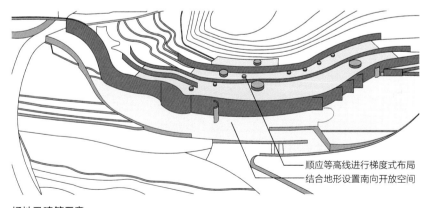

顺应等高线进行梯度式布局
结合地形设置南向开放空间

场地及建筑示意

[目的]

　　严寒地区公共建筑场地植被配置应在结合地域气候与环境特征的前提下，根据植物特性与场地功能要求，合理进行植物选择和搭配，发挥场地的景观效益和生态效益。

[设计控制]

　　（1）根据植物生长需求与形态特征，按四季兼顾原则，合理选择和搭配适应不同季节温度条件的植物，营造全年优美、地方特色突出的景观环境。

　　（2）结合公共建筑场地防风、减噪、过滤、抗盐等功能要求，注重合理选择植被的类别、配置方式与种植区域，发挥植被资源的生态效益。

[设计要点]

　　植物选择与搭配

　　（1）合理选择绿化方式，科学配置绿化植物，宜种植适应当地气候和土壤条件的植物，种植区域覆土深度和排水能力满足植物生长需求，注重四季兼顾，提升场地在不同季节的环境质量。

　　（2）在主要活动空间种植落叶乔木，以利于夏季遮挡阳光、冬季叶落之后透射阳光，提高外部空间全年活动舒适性。

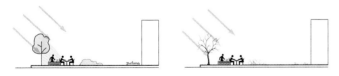

落叶乔木夏季遮挡阳光、冬季叶落透射阳光

常绿树冬季防风

复层绿化

典型严寒地区植物在全年的观赏时间分布

Planning

（3）在冬季主导风的来向，种植适应严寒气候的常绿针叶树带，通过绿化进行冬季防风。

（4）采用乔、灌、草结合的复层绿化，起到一定的减噪、滤尘作用。在人行道、积雪堆放场地附近区域宜种植耐盐植物品种。

（5）充分利用不同植物的形态特征，如不同树木形状各异的枝干、宿存在上面的果实、色彩各异的树皮以及树皮的各种裂纹，创造出具有严寒地区特色的场地冬季视觉环境。

具有严寒地区特色的植物冬季形态意象

相关规范与研究

孙成仁，杨岚，王开宇，等. 寒地城市园林空间环境的设计与创造[J]. 中国园林，1998（05）：51-53.

可利用植物的冬季季相来丰富冬季木本植物单调的场地色彩环境。如运用红色枝条的红瑞木，灰绿色枝条的树锦鸡儿、花曲柳，白色枝条的白桦、山杨，果实为红色的东北接骨木、南蛇藤、金银忍冬，果实为黄绿色的文冠果、叶底珠等，并配置一定的常绿树。

树木的冬季姿态表

树名	形态
沙松、红皮云杉	塔状
青松、臭松	冠状尖塔形
红松	冠圆锥形
樟子松	冠状尖塔形
黑皮油松	冠近平顶状
杜松丹东桧	锥体形
塔柏	塔状
兴安落叶松、长白落叶松	冠状尖塔形
紫椴	树枝"之"字形
暴马丁香	多伞叠落
白桦	圆球冠顶

树木果实的色彩表

树名	果色
东北接骨木、桃叶卫矛、华北卫矛、毛脉卫矛、瘤枝卫矛、翼卫矛、南蛇藤、金银忍冬、鸡树条荚、枸杞、山楂、水子、五味子、小檗、白玫瑰、单瓣黄刺梅、悬钩子、郁李、东北扁核木、山丁子、玲当果、紫杉	红色
花楸	金黄色
兰锭果忍冬	紫蓝色
红瑞木	白色
文冠果、叶底珠、软枣子	黄绿色

树木树皮枝条的色彩表

树名	颜色
红瑞木、偃伏木	红色
白桦、山杨	白色
水榆、银白杨	灰白
赤杨、色赤杨	红褐色
黑桦	黄褐色
凤桦、紫杉	淡黄褐色
黄波罗	灰白色
拧劲槭	灰白色
花曲柳	灰绿色
树锦鸡儿	灰绿色
胡颓子	银灰色
山桃稠李	黄褐色

整理自：孙成仁，杨岚，王开宇，等. 寒地城市园林空间环境的设计与创造[J]. 中国园林，1998（05）：51-53.

Planning

典型案例 哈尔滨工业大学建筑学院寒地建筑科学实验楼

（哈尔滨工业大学建筑设计研究院设计作品）

　　在屋顶庭院中种植浅根系耐寒植物。其中，3～5cm的浅土层中种植石竹、马蔺等低矮灌木，10～15cm的土层中种植水曲柳、青扦云杉等乔木，这些乡土植物耐寒性极强，保证了屋顶花园冬夏常绿的怡人景象。

屋顶花园植被配置

[目的]

严寒地区公共建筑场地水体组织应在结合地域气候与环境特征的前提下，根据水体特性与观赏、利用要求，合理规划设计人工水体、设置绿色雨水基础设施。

[设计控制]

（1）根据水体性质特点，按小型化、生态化原则，避免设计建造大面积的水体景观。

（2）根据公共建筑场地规模与条件，遵循低影响开发原则，充分利用场地空间合理设置绿色雨水基础设施。

[设计要点]

P2-3-2_1　人工水体

（1）水景观规划设计总体宜遵循小型化、生态化原则。尽量减少大面积人工开挖的水体，采用面积较小的水体景观。

（2）可在冬季结合积雪堆放场地设置一定的冰雪景观。

P2-3-2_2　低影响开发

根据《绿色建筑评价标准》GB/T 50378—2019第8.2.5条，充分利用场地空间合理设置绿色雨水基础设施，并宜满足下列要求：

（1）下凹式绿地、雨水花园等有调蓄雨水功能的绿地和水体的面积之和占绿地面积的比例达到40%；

（2）合理衔接和引导屋面雨水、道路雨水进入地面生态设施，并采取相应的径流污染控制措施；

（3）硬质铺装地面中透水铺装面积的比例达到50%。注意选取具有抗冻性的场地硬质铺装材料，透水性铺装避免采用孔状铺装，防止铺装的冻害损伤。

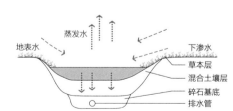

景观生态沟渠

雨水花园

[相关规范与研究]

（1）冷红. 寒地城市环境的宜居性研究[M]. 北京：中国建筑工业出版社，2009.

水体景观设计应根据严寒地区自然环境的实际情况，遵循季节性、经济性、多样性的设计原则，并采取相应的设计对策。季节性原则：充分考虑地域气候特点，设计水体景观时既应考虑春、夏、秋气候温暖季节时的形态和功能，也应兼顾冬季的使用，做到冷暖季节各有特色，设计中尤其要重视水体景观设施无水时的视觉效果。经济性原则：考虑冬季气候的影响、北方地区水资源紧缺，以及建设、养护费用较高的实际情况，尽量减少大面积人工开挖的水体，采用面积较小的水体景观。多样性原则：注重水体景观形态的多样性，采用不同设计手法，将水元素与不同景观设计要素结合，丰富严寒地区城市空间环境，提升城市空间的活力。

根据以上的设计原则，水体景观设计可以采取以下设计对策：

①对于原有的江河湖面，应注重其在各季节的综合利用，夏季用于观赏和水上娱乐，冬季可用作冰雪活动场所。

②人工水景设计多采用点状及线状的水体，如小面积水池、各种造型的喷泉、小型瀑布、水渠、人工溪流等，减少大面积的人工水体。

③水景设施如外露喷泉、小型瀑布等应注意造型设计和设施的隐蔽处理，在冬季不使用时可以作为观赏性较强的城市雕塑，丰富城市景观。

④大型喷水池最好采用没有外露设施的旱喷泉，并重视地面铺地图案设计，在温暖季节开放，冬季只作为硬质铺装，可以在上面开展活动。

⑤水池、水渠、人工溪流等宜浅不宜深，注意池壁和池底设计，夏季可以用于观赏或儿童戏水，冬季将水抽干，形成多层次的公共空间。

（2）杨文博. 严寒地区硬质铺装在景观设计中的应用研究[D]. 沈阳：沈阳建筑大学，2015.

严寒地区硬质铺装易遭受冻害损伤，在进行场地低影响开发设计过程中需要注意增强场地铺装，尤其是透水性铺装的抗冻性。硬质铺装的冻害损伤分为两种情况：其一是由冻融引起的混凝土表面材料的损伤即剥落脱皮与开裂；其二是由于冻融引起的内部损伤，其表面没有明显可见效应而在混凝土内部产生的损害。透水性铺装孔状铺装容易冻裂，严寒地区透水性铺装需要严格控制孔隙率。减水剂、引气剂及引气减水剂等外加剂均能提高混凝土的抗冻性。

典型案例　**哈尔滨松北中俄科技文化交流广场**

（哈尔滨工业大学建筑设计研究院、法国VALODE ET PISTRE（VP）建筑设计事务所设计作品）

　　项目采用小面积水景设计，结合会议中心与体育馆形成会议中心水广场、体育演艺中心水广场等礼仪性景观空间，并与其他广场串联形成一系列景观节点，提升场地景观活力。

项目景观元素

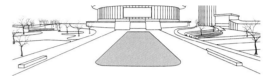

会议中心水广场

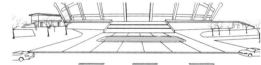

体育演艺中心水广场

[目的]

　　严寒地区公共建筑场地开放空间应在结合地域气候与环境特征的前提下，根据使用需求，共享室外开放空间，提升视觉景观质量，完善功能性构筑物配置，增强气候适应性。

[设计控制]

　　（1）根据使用需求与气候特点，鼓励公共空间的开放共享，同时注重气候适应性提升以及在不同季节的转换利用。

　　（2）根据气候防护、休憩、照明等使用需求，布置适宜的功能性构筑物。

　　（3）结合影响公共建筑场地视觉景观环境满意度的关键要素，考虑场地自然、人工视觉景观质量的提升，注重营造积极、活跃的场地冬季视觉景观环境。

[设计要点]

`P2-3-3_1` 室外公共空间

　　（1）可向社会公众提供开放的公共空间，属于公共建筑管辖的室外活动场地可错时向周边居民免费开放。

　　（2）结合场地微气候评估结果增强场地外部空间设计的气候适应性，以延长室外活动时间。如将物理环境最佳的避风、向阳空间作为活动场地；针对物理环境较差的空间，通过布设风屏障、减少日照遮挡加以改善等。

　　（3）考虑场地在不同季节的转换利用，宜提供一定的冬季活动设施，如室外溜冰道、溜冰场等。

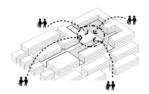
向公众开放的公共空间

增强场地气候适应性

季节转换型场地

提供冬季活动设施

相关规范与研究

（1）韩冬青，顾震弘，吴国栋. 以空间形态为核心的公共建筑气候适应性设计方法研究[J]. 建筑学报，2019（04）：78-84.

公共建筑场地设计可以通过利用、引导、调节、规避等设计策略，对风、光、热、湿等气候要素进行有意识的引导或排斥、增强或弱化，从而实现气候区划背景下的场地微气候优化。

（2）冷红. 寒地城市环境的宜居性研究[M]. 北京：中国建筑工业出版社，2009.

法国巴黎市政厅广场夏季作为沙滩排球场地，冬季作为溜冰场

改绘自：冷红. 寒地城市环境的宜居性研究[M]. 北京：中国建筑工业出版社，2009.

公共建筑项目可以提供更多具有地域特色、季节转换型的室外公共空间，增强严寒地区城市公共建筑室外公共空间气候适应性、活动吸引力。

P2-3-3_2　功能性构筑物

（1）在活动场地中适宜位置根据需求布置售货亭、垃圾箱、邮筒等功能性构筑物，满足人群在户外的基本需要，且不影响人在场地中的穿越行为。在冬季及过渡季设置可遮风、加温的玻璃休息廊、暖亭等构筑物进行气候防护，延长"户外季节"，提高外部空间全年活动舒适性。在经济允许的情况下，可考虑提供可移动的玻璃墙等构筑物，并注意保障其存放的安全性，为活动人群暂避风雪。

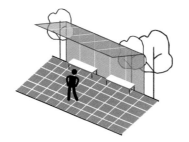

可挡风构筑物　　　　　　　　　　步行照明设施与路标

（2）提供长椅等休息设施，满足活动人群休息需求。同时，应尽量采用木质、塑料或其他导热系数小的复合材料，减轻严寒气候带给人的不适。

（3）严寒地区冬季昼短夜长，且场地步行道易积雪结冰，配置步行照明设施与路标，提升安全性，帮助辨明步行前进方向，同时营造温暖的氛围。

相关规范与研究

袁青，冷红. 寒地城市广场设计对策[J]. 规划师，2004，20（11）：59-62.

构筑物位置的布局是环境质量的重要组成部分，其在很大程度上影响人的行为。功能性构筑物包括起阻隔作用的短立柱、书报亭、凉亭、柱廊、时钟、电话厅、售货亭、垃圾箱、邮筒等。

严寒地区城市冬季气温较低，风速较大，气候防护空间是非常重要的一类功能性构筑物。在寒冷季节和冷暖交替季节提供气候防护空间，能够有效地延长"户外季节"。如在场地内设置冬季可挡风、加温的玻璃休息廊、暖亭等，既可供人取暖、休憩和交往，又可提供观赏户外美景的空间。在冷暖交替季节，人们可以在户外边观赏广场的景致，边品味咖啡或精美的菜肴。这种做法无形中延长了人们的"户外季节"。

典型案例 加拿大多伦多Corktown公园办公室
（Michael Van Valkenburgh Associates设计作品）

建筑下的壁炉为游人提供一个温暖的场所，使建筑室外空间即使在冬季也仍具吸引力。

可移动的玻璃墙可供游人暂避风雪。当无需使用时，所有的墙体将被移至封闭的柱体中储存。

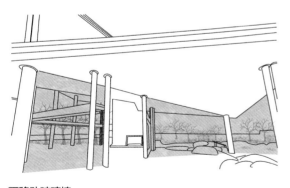

可移动玻璃墙

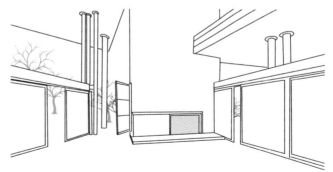

建筑下的壁炉

P2-3-3_3 视觉景观

（1）宜通过增加绿视率提升场地自然绿化视觉景观质量。

（2）宜结合广告标识、积雪与围栏等提升场地人工环境视觉景观质量。

（3）宜设置在色彩、造型、主题等方面具有鲜明特色的景观小品，如雕塑、喷泉、旗杆及其他标志物，增加建筑可辨识度。

（4）冬季可设置冰迷宫、雪滑梯等互动式冰雪设施活跃冬季视觉景观，吸引居民停留活动。此外，鼓励居民自主创作冰雪作品，可在丰富活动类型的同时增强居民的社会归属感。

（5）宜根据区域特色确定照明特色和氛围，统一照明风格后进行照明系统的细节设计控制，照明宜选择暖色色温颜色，突出建筑元素，营造温暖的视觉感受，改善萧条的冬季景观环境。

相关规范与研究

冷红，罗紫元，袁青. 寒地城市大型商业建筑室外视觉景观满意度分析[J]. 建筑学报，2020（S2）：73-77.

综合运用图像分解、主观问卷和眼动实验等方法，从自然绿化、人工环境、建筑可辨识度、视觉舒适度四方面调研典型严寒地区城市大型商业建筑的室外视觉景观满意度。研究结果发现，居民对严寒地区商业建筑室外视觉景观的冬季满意度远低于夏季。通过分析居民的主观满意度评价与图像的客观要素构成之间的相关关系，发现绿视率影响自然绿化满意度和建筑可辨识度，高纯度色彩、广告标识、围栏和积雪影响人工环境满意度，天空可见度、景观小品和高纯度色彩等影响视觉舒适度。

增加绿视率是提升自然绿化满意度的主要策略。夏季可通过丰富植被的种类和层次提升绿视体验，丰富植物种类应尽量选用大小形态、花叶色彩等直觉感受差异明显的植被类型，如观花植被。植被层次的丰富可以由树形搭配、季相搭配、乔灌草搭配等方式实现。冬季可以选用黑皮油松、红皮云杉等深色针叶的抗寒树种为背景树，搭配红瑞木、金叶女贞等浅色枝干的前景树，丰富植被层次。"移动绿地"也是一种可以根据需要改善局地自然景观的手段，易于根据室外活动和节庆主题调整布局形式。此外，以照明和明快的色彩对落叶植被进行季节性装饰也可以丰富冬季视觉体验。广告标识是影响夏季人工环境满意度的主要因素。风格迥异的广告标识会令人眼花缭乱，但雷同单调的广告标识又缺乏视觉吸引力。应引导和规范室外环境中广告标识的形式规格、安装位置和色彩运用等，并建立审查制度对广告标识进行灵活管理，鼓励针对寒地环境的创意设计。

积雪与围栏是影响冬季人工环境满意度的主要因素。借助风压风势可以使积雪在室外绿化与设施的背风面自然聚集，而后将其存放在绿化带以减弱"风吹雪"的影响。围栏的改造可以采用分段、降低高度等方式方便居民出入，或以灌木丛、共享单车停车位等替代传统围栏，以平衡安全和视觉需求。

　　增加建筑的可见程度将提升建筑可辨识度，冬季萧条的室外环境缺乏辨识度，在色彩、造型、主题等方面具有鲜明特色的景观小品有助于提升建筑可辨识度。寒地城市可运用冰雕、雪雕等具有地域季节特色的景观小品传达城市文化，制造热点话题。

夏季　　　　　　　　　　冬季

冬夏两季植被的视觉热力对比

夏季　　　　　　冬季　　　　　　　　夏季　　　　　　冬季

冬夏两季围栏的视觉热力对比　　　　　**冬夏两季广场铺装的视觉热力对比**

`典型案例` **哈尔滨群力新区龙江艺术展览中心**

（哈尔滨工业大学建筑设计研究院设计作品）

　　在外部环境系统中，选用丰富多样的植被类型，精心设计广场、花坛、草坪、小品，将水景与雕塑结合，夏季可观水景，冬季可赏雕塑。

水景　　　　　　　　　　植被及景观构筑物场地视觉景观要素　　　　　花坛

B 建筑设计
uilding

　　建筑设计部分，结合国内外绿色建筑设计相关研究与经验，综合考虑严寒气候特征和公共建筑类型特点，统筹建筑全生命周期，坚持经济效益、社会效益和环境效益的统一。以解决建筑向阳、防寒、保温、排雪、防冻害等关键问题为目标导向，从功能、空间、形体、界面四个方面提出设计要点，从而为严寒气候区绿色公共建筑设计提供指导。

　　B1功能，基于严寒地区的气候特征，避免均质化供热的能源浪费，将空间按功能和其所对应的空间物理性能分类，从功能规定空间、功能策划拓展两方面提出相关设计要点，适应严寒地区的特殊功能需求，实现绿色建筑的设计目标。

　　B2空间，聚焦空间性能问题，在满足功能合理的前提下，结合严寒气候特征，从空间组织与组合、单一空间设计和空间弹性设计三方面提出设计要点，在保证舒适性的同时，通过对空间的调控降低建筑能耗。

　　B3形体，针对建筑设计中形体对于建筑性能的影响，在满足建筑功能与美观的基础上满足严寒地区建筑避风、向阳的需求，降低建筑能耗。基于建筑形体的控制，从几何、体量、方位三方面，提出设计要点。

　　B4界面，基于严寒地区气候特征，针对气候对建筑空间界面的影响，结合界面对气候要素的吸纳、过滤、传导与阻隔等不同作用，从外围护界面和内空间界面两个方面提出设计要点，实现界面对气候条件的适应性设计。

[目的]

　　建筑使用空间从与自然的关系看，可分为室外、室内和室内外过渡空间三种类型。就室内空间而言，又可分为以自然气候为主的开放性空间和以人工气候为主的封闭性空间。前者对自然气候要素具有明显的选择性，而后者则往往是排斥性的。不同的使用功能对于气候具有不同的适应性，通过合理设置建筑功能空间与室外气候的联系关系，可以最大限度地利用自然资源，提高建筑能效。

[设计控制]

　　建筑空间与室外气候的联系表现为四种不同的基本状态：融入、过渡、选择、排斥。应按照不同的建筑具体功能需求设置这四种状态，充分拓展"融入"和"过渡"状态，合理设置"选择"状态，严格控制"排斥"状态。

[设计要点]

B1-1-1_1 空间类型与性能

　　（1）充分拓展融入自然的开放性空间潜力。完全融入自然的室外空间和灰空间不需要额外的建筑耗能，可通过下沉庭院、内院、敞厅、敞廊等方式形成室外和半室外的功能空间。

　　（2）强化选择型空间的气候适应性设计。室内空间通常因空间或季节的变化而导致其风、光、热、湿等物理性能的不充分满足，需要人工气候的局部补充，设计中需要仔细分析空间的尺度、朝向、洞口，以及与其他空间的相邻关系，以充分利用有利气候因素，将不利气候因素的影响降到最小。

　　（3）严格约束封闭性空间。与自然隔阂的封闭空间需要最多能耗，建筑设计中对这类空间的设定需要极为慎重。

建筑空间与室外自然气候的联系类型及设计对策

	融入	过渡	选择	排斥
能耗预期	无	无	取决于设计	高
案例	庭院 	外廊 	普通办公空间 	音乐厅

[目的]

空间的舒适性要求与室外气候的差异是能耗发生的源头。使用空间因其不同功能而产生气候性能的等级差异，即根据对气候性能要素及其指标要求的严格程度，公共建筑空间可分为低性能空间、普通性能空间、高性能空间。

[设计控制]

高性能空间是需要维持相对稳定物理环境的空间，普通性能空间是物理环境可以有一定弹性的空间，低性能空间是不需要维持稳定物理环境的空间。根据功能特征对性能要素进行差异化选择，利用低性能空间作为气候缓冲区，将普通性能空间置于气候优先位置，高性能空间占据建筑的内部纵深，建构普通性能空间、低性能空间、高性能空间之间的适宜性配置与组织关系。

[设计要点]

B1-1-2_1 空间功能与性能

（1）利用低性能空间作为气候缓冲区。低性能空间往往具有使用时长短、人员不固定的特征，如楼电梯间、设备间等，可设置在气候条件最不利区域，如北方地区的建筑西北角，成为阻挡室内外恶劣气候的屏障。

（2）将普通性能空间置于气候优先位置。普通性能空间通常占据各类公共建筑使用空间的最大比例，其空间应布置在利于气候适应性设计的部位。对自然通风和自然光要求较高的空间常置于建筑的外围，对性能要求较低的空间置于朝向或部位不佳的位置。

（3）利用建筑内部设置高性能空间。高性能空间通常依赖设备维持稳定的室内物理环境，应尽量远离室外自然气候环境，因此应尽量设置于地下或不邻建筑外围护结构的内部。

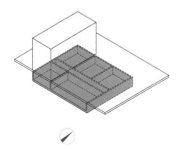

高性能空间置于地下

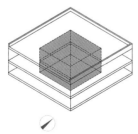

高性能空间置于中心

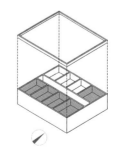

普通性能空间布置于气候优先的建筑位置

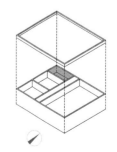

低性能空间布置于气候条件最不利的建筑区域

Building

[目的]

　　严寒地区冬季室外气温低，缺乏足够的绿化景观，且烧煤导致一定空气污染。从建筑设计的角度，要通过充分利用自然要素改善这一状况，创造与自然共生的人居环境。

[设计控制]

　　（1）控制在室内空间中植入的生态模块，达到改善建筑微环境、调节使用者情绪、提升舒适度的效果。

　　（2）控制交通辅助设施数量和位置，达到鼓励使用者方便、绿色出行的效果。

　　（3）利用具有严寒地区地域特色的空间和功能设置，达到节省能源和提升舒适度的效果。

[设计要点]

B1-2-1_1 植入生态模块

　　（1）严寒地区宜在建筑室内植入不同规模、不同类型的生态模块，利用植物、水体等自然要素调节室内温湿度与空气质量，形成良好的室内微气候环境，提高室内空间的舒适度。

　　（2）在场地条件允许的情况下宜在建筑周边合理设置生态景观功能，在美化建筑环境的同时，可在一定程度上解决冬季寒风侵袭、夏秋季西晒的问题，并可形成预防坠物风险的缓冲区、隔离带。

　　（3）多层、低层及高层建筑的低层裙房的西向外墙宜采用藤本植物进行垂直绿化，有条件的建筑宜在东西向和南向设置垂直绿化。

　　（4）设置屋顶绿化可以有效延缓楼面老化和因温度差引起的膨胀收缩而造成的渗漏现象，并延长屋顶保护层的寿命。

相关规范与研究

　　（1）《健康建筑评价标准》T/ASC02—2016第8.2.6条规定，在营造优美的绿化环境，增加室外绿化量时，绿地率应不少于30%；另外，宜设置不少于500m²的屋顶绿化或不少于200m²的垂直绿化。在严寒地区，室外植物品种宜不少于30种；由于严寒地区冬季缺少室外绿景，在人员长期停留的室内空间，宜每50m²不少于一株绿色植物，以增加建筑使用者舒适度。

　　（2）朱宁. 基于微气候环境改善的寒冷地区建筑周边绿化研究[D]. 北京：北京建筑大学，2020.

　　通过对建筑物冬季微气候环境的调研，测试冬季测点温度、空气温度、空气湿度受周边植物的影响程度，以获取不同植物种类调节微气候的能力差异。落叶乔木在冬季时不会较大改变环境气候辐射温度，对于风速有一定的阻滞作用；针叶乔木能够降低太阳辐射量，使环境辐射温度下降；灌木在冬季时能够有效地使风速下降，能够保持空气中的水分以提高湿度；草坪在冬季对于风速的影响不大，风速会更明显地受

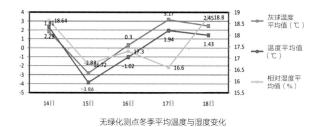

无绿化测点冬季平均温度与湿度变化

灌木群植周边测点冬季平均温度与湿度变化

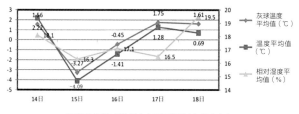

高大乔木群植周边测点冬季平均温度与湿度变化

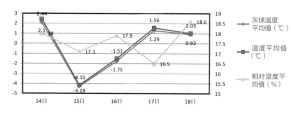

纯草坪周边测点冬季平均温度与湿度变化

不同植物类型对周边建筑温湿度影响变化

到建筑环境的影响，但是草坪下垫面会使环境辐射温度下降至空气温度值附近。

（3）姚春晓. 沈阳垂直绿化植物调查与综合评价[D]. 沈阳：沈阳农业大学，2016.

在对严寒地区具有代表性的城市——沈阳的研究中，调研了严寒地区主要垂直绿化选用植物。严寒地区植被不易存活，采用垂直绿化造价较高，仔细挑选配植可以避免由于严寒地区独特的气候条件所造成的问题。

沈阳市垂直绿化植物调查表

植物类型	植物科属	植物名称	植物类型	植物科属	植物名称
攀缘植物	葡萄科	五叶地锦	缠绕植物	豆科	豌豆
		爬山虎			紫藤
		葡萄			菜豆
		三叶地锦		旋花科	牵牛花
	葫芦科	丝瓜		蔷薇科	爬蔓月季
		苦瓜			蔷薇
		葫芦		八角科	五味子
	卫矛科	南蛇藤		忍冬科	金银花
悬垂植物	百合科	吊兰		紫葳科	凌霄
	菊科	佛珠		萝藦科	红柳
		菊花			
	天南星科	绿萝			

Building

（4）张博，王海鹏，闫沛祺，刘秋兵，张广平. 严寒地区高效能屋顶技术策略[J]. 江西建材，2015（15）：97，102.

"充分考虑到严寒地区大风天气，采取含有防风措施系统的种植土层，可以很好地稳固植被；土层下方设有排水板，引导多余的水流入中水处理系统，增加雨水利用率；高分子防水层的设置，能够确保屋面严密的防水；保温层采用聚氨酯保温材料，喷涂的施工方式使得保温材料无缝连接，加大防水力度；蒸汽阻拦层，是隔绝水蒸气侵入结构的最后防线，避免结构层受潮。多种处理方式充分考虑到北方严寒地区的气候和构造需求。"

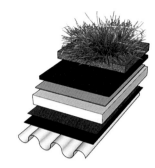

· 植物
· 轻型种植土层
· 营养基蓄排水板
· 沥青根阻排水材料
· 保温层
· 聚氨酯粘接材料
· 蒸汽阻拦层
· 结构基层

屋面植被种植示意

室内绿化对心理影响调查表

	男性（n=121）						女性（n=131）					
压力程度	东北大学（62）		吉林大学（48）		黑龙江大学（11）		东北大学（85）		吉林大学（39）		黑龙江大学（7）	
	n	%	n	%	n	%	n	%	n	%	n	%
没有压力	3	4.839	3	6.25	1	9.091	4	4.706	3	7.692	1	14.286
轻度压力	19	30.645	18	37.5	2	18.182	24	28.235	15	38.462	3	42.857
中度压力	36	58.065	24	50	7	63.636	51	60	19	48.718	2	28.571
严重压力	4	6.452	3	6.25	1	9.091	6	7.059	2	5.128	1	14.286
形式感知倾向	东北大学（62）		吉林大学（48）		黑龙江大学（11）		东北大学（85）		吉林大学（39）		黑龙江大学（7）	
	n	%	n	%	n	%	n	%	n	%	n	%
综合式	17	27.419	13	27.083	3	27.273	18	21.177	16	41.026	2	28.571
墙植式	12	19.355	10	20.833	2	18.182	18	21.177	8	20.513	1	14.286
悬垂式	19	30.645	16	33.333	4	36.364	26	30.588	13	33.333	3	42.857
陈列式	14	22.581	9	18.75	2	18.182	23	27.059	2	5.128	1	14.286

（5）张曦元，镜适. 对严寒地区大学生的心理状态及室内绿化好感调查[J]. 建筑与文化，2020（01）：171-172.

基于严寒地区冬季缺乏绿景，65%的青年人都认为室内绿景具有很强的治愈能力。另外，悬垂式绿化布局更受有压力的学生们的青睐，其次是综合式绿化布局。严寒地区，室内绿化设计需要根据地方认知差异进行设计，并且重视植物原有特性，对绿化植物与绿化形式进行双向选择。综合室内其他设计元素，综合考虑对使用者的心理影响。

B1-2-1_2 鼓励绿色出行

（1）建筑内应设置连贯的无障碍步行系统并与室外无障碍步行体系相连接。无障碍步行体系应强调防滑功能。

（2）建筑室内外宜设置非机动车停车场所，使其位置合理、方便出入。

（3）在有条件的情况下，宜设置与城市公共交通系统有效连接的通道。在高密度的商业开发中宜与相邻建筑通过架空暖廊或地下空间连通或整体开发利用。

（4）建筑内入口处宜设置具有清除鞋底积雪功能的地面防滑设施，防止冬季进出建筑时发生危险。

相关规范与研究

（1）《民用建筑设计统一标准》GB 50352—2019第5.2.8条文说明规定，商业建筑、文化娱乐建筑和体育建筑的非机动车停车数较大，当停车数大于300辆应增加出入口数量满足通行和疏散要求。

（2）《绿色建筑评价标准》GB/T 50378—2019第6.2.3条规定，电动汽车充电桩的车位数宜占总车位数的比例不低于10%。

（3）《无障碍设计规范》GB50763—2012第3.3.2条、第8.1.2条、第8.1.3条、第8.8.2条规定，基地内总停车数在100辆以下时应设不少于1个无障碍机动车停车位，100辆以上时应设置不少于总停车数1%的无障碍机动车停车位。建筑物至少应有1处为无障碍出入口，且宜位于主要出入口处，出入口宜设置坡度小于1：30的平坡。在门完全开启的状态下，建筑物无障碍出入口的平台的净深度不应小于1.50m；建筑物无障碍出入口的门厅、过厅如设置两道门，门扇同时开启时，两道门的间距不应小于1.50m。

B1-2-1_3 突出地域特色

充分考虑严寒气候与地域文化特征，在满足基本功能的基础上，宜在公共建筑内设置适应地域环境、具有地域性特色的功能空间。

相关规范与研究

李玲玲，张文. 严寒地区建筑气候适应性设计研究——以哈尔滨华润·万象汇为例[J]. 建筑技艺，2020（07）：50-53.

"在严寒地区建筑设计中，防寒保温始终是设计重点，建筑向阳得热潜力的挖掘与建筑形体避风的处理是严寒地区建筑气候适应性设计的重要体现。而人本理念的加持，使建筑气候适应性设计扎根于气候与人的互动关系，通过两者的融入、交互、隔绝，划分不同建筑空间的性能等级，并以此建构内部空间组织关系，使建筑的行为空间与性能空间高度适配，丰富了建筑气候适应性设计的内涵。"

典型案例 哈尔滨华润·欢乐颂

（哈尔滨工业大学建筑设计研究院、上海域达建筑设计咨询有限公司设计作品）

哈尔滨华润·欢乐颂在设计过程中针对冬季极低温的环境特征，设计与气候相适应的功能空间：在中庭开设顶部采光天窗，在南侧设置边庭采光窗，以增加冬季太阳辐射；入口空间采用下沉庭院，避免寒风吹袭，形成气候过渡区。

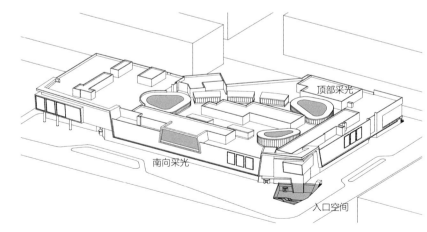

哈尔滨华润·欢乐颂轴侧示意

[目的]

综合考虑严寒地区的社会经济状况，提升严寒地区公共建筑使用效率，增加建筑价值。

[设计控制]

（1）控制公共建筑服务空间的开放性和多样性，达到建筑的高效利用。

（2）控制空间转换能力，有效利用建筑空间资源，扩大公共建筑的使用功能。

（3）综合考虑建筑服务对象和功能匹配度，通过设置可向社会公众开放的公共活动空间，增强公共建筑的服务能力。

[设计要点]

B1-2-2_1 多元功能集约

（1）公共建筑宜兼容不少于2种公共服务功能，并合理布置可向社会公众开放的公共活动空间。

（2）注重多功能之间的系统性与关联性，达到协同共生、集约高效的效果。

（3）公共建筑进行功能复合设计时，应考虑对不同功能模块中相同功能进行合用，避免重复设置导致资源浪费。

（4）宜设置共享服务空间并对所有建筑使用者开放。

（5）宜合理配置高、普通、低性能功能空间的比例，综合考虑高、普通、低性能空间灵活转化问题，降低不同性能空间功能转化时的建筑能耗。

相关规范与研究

孙澄，梅洪元. 严寒地区公共建筑共享空间创作的探索[J]. 低温建筑技术，2001（02）：13-14

对于严寒地区公共建筑来说，引入中庭、室内街等共享空间具有积极意义，它们往往成为公共空间的中心和交通枢纽，在公共建筑中发挥重要作用。研究表明，从功能上共享空间应该注意：共享空间所创造的在水平和垂直方向上的深远层次和不同于一般室内空间的超常尺度，为人们提供了丰富的空间景观和视觉效果，宜具有足够的自然光线、绿色植物、叠石水体、建筑小品等，成为寒地漫长冬季的庇护所；共享空间对于城市的贡献在于其所提供的开放性公共空间和公共交往场所使得原来淹没于冬季恶劣气候的街道、城市、人情与文化得以重新获得生机；对室内空间光线、空气、温度、湿度等方面起到重要的调节作用，作为能量缓冲地带使空气加热，以便用最小的表面积缓冲尽可能多的内表面，减少其表面的散热，使得共享空间周围室内空间的热损失大大降低。

Building

典型案例 哈尔滨工业大学建筑设计研究院科研办公楼

（哈尔滨工业大学建筑设计研究院设计作品）

　　哈尔滨工业大学建筑设计研究院办公楼的共享中庭不仅是建筑内部交通组织空间，更在为建筑内部引入充足自然光线的同时，对室内空间物理环境的调节起到了重要的作用。此外通过在中庭的南北两侧布置楼梯间，形成了很好的缓冲过渡空间，同时辅以装饰性的绿化植被，为创造良好的室内环境奠定了基础。

　　哈尔滨工业大学建筑设计研究院办公楼的立面和进深都达到了65m以上，若在南向布置3个工作单元，中间10m宽、20m高的中庭将变得阴暗，因此没有采用传统的将功能单元优先放置于南向的处理方法，而是选择释放南向空间，在东西两侧布置分院单元，让阳光穿过中庭，形成公共活动空间。

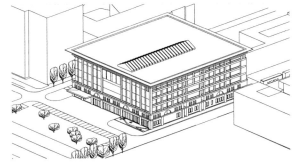

建筑轴侧示意

中庭示意

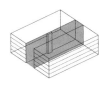

建筑公共活动空间

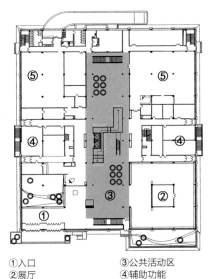

建筑分区分析

①入口　　　③公共活动区
②展厅　　　④辅助功能

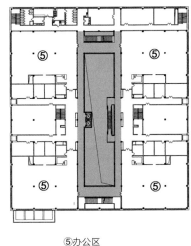

⑤办公区

B1-2-2_2 弹性功能拓展

（1）严寒地区公共建筑策划中宜采取兼容开放、灵活可变的弹性功能设置策略，通过合理运用弹性应变措施，达到空间多功能使用的目的。

（2）公共建筑中可变换功能的空间宜采用大开间或灵活隔墙（隔断）等便于拆改和再利用的空间分隔方式。

（3）应对严寒气候，宜在公共建筑中适当增加具有弹性功能的空间面积指标，便于季节转换时的空间功能增容或转换。

（4）严寒地区公共建筑设计宜合理利用中庭、边庭等建筑内外过渡空间应对季节转换带来的不同使用需求，增加建筑扩展功能。

相关规范与研究

（1）《绿色建筑评价标准》GB/T 50378—2019第4.2.6条规定，随着社会和技术的进步，以及人们对建筑的需求不断提升，建筑不能满足使用需求的变化，将以拆除告终。对公共建筑服务功能，"建筑宜采取提升建筑适变性的措施，通用开放、灵活可变的使用空间设计，使用功能可变措施，与建筑功能和空间变化相适应的设备设施布置方式或控制方式。"采用与建筑功能或空间变化相适应的设备设施布置方式或控制方式，既能够提升室内空间的弹性利用，也能够提高建筑使用时的灵活度。比如家具、电器与隔墙相结合，满足不同分隔空间的使用需求；或采用智能控制手段，实现设备设施的升降、移动、隐藏等功能，满足某一空间的多样化使用需求。还可以采用可拆分构件或模块化布置方式，实现同一构件在不同需求下的功能互换，或同一构件在不同空间的功能复制。

（2）乔林. 结合冰上运动的综合体育馆内场空间设计研究[D]. 哈尔滨：哈尔滨工业大学，2019.

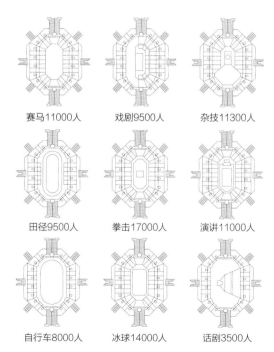

赛马11000人　　戏剧9500人　　杂技11300人

田径9500人　　拳击17000人　　演讲11000人

自行车8000人　　冰球14000人　　话剧3500人

体育馆比赛厅空间多功能转换示意
来源：罗鹏. 体育馆动态适应性设计机制与对策 [M].
北京：中国建筑工业出版社，2020: 129.

通过对场地设施和使用空间设计中使用适变性策略，可以使空间适用于多种使用方式。以体育建筑为例，通过不同的分割方式和弹性的面积配置，比赛空间配合以适当的设备和智能控制手段，可举行多种比赛。

典型案例 哈尔滨松北中俄科技文化交流广场

（哈尔滨工业大学建筑设计研究院、法国VALODE ET PISTRE（VP）建筑设计事务所设计作品）

哈尔滨松北中俄科技文化交流广场内部包含了可供全民健身使用的体育馆。体育馆采取了提升建筑适变性的措施，通用设置开放、灵活可变的空间，使内部场地具备了多功能使用的特性，除常用的冰球比赛和冰球训练之外，其还可以作为艺术体操、篮球、排球、乒乓球、网球等场地使用，不仅能够实现体育馆可持续运营管理，更为群众提供了良好的健身场所。

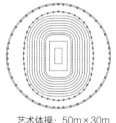
艺术体操：50m×30m

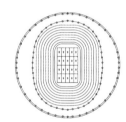
乒乓球训练：14m×7m×20块

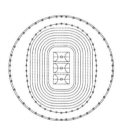
篮球训练：28m×15m×3块

网球训练：23.77m×10.97m×3块

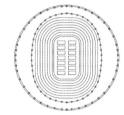
羽毛球训练：13.4m×6.1m×14块

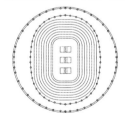
排球训练：18m×9m×3块

哈尔滨松北中俄科技文化交流广场体育馆多功能使用示意

B1-2-2_3 鼓励健康设计

（1）设置健身活动区，进行全年龄化的设计，满足各年龄段人群的活动要求，符合使用者四季运动需求。

（2）室内健身空间的面积宜不少于地上建筑面积的0.3%且不少于60m²。由于严寒地区室外冬天不适宜娱乐，室内健身空间的面积宜在标准上适当上浮。

（3）合理利用室内中庭、交通空间等兼容休闲健身功能，为使用者提供多元、开放的冬季健身空间。

相关规范与研究

《绿色建筑评价标准》GB/T 50378—2019第6.2.5条规定，合理设置公共建筑室内外健身场地和空间宜满足以下要求："设置宽度不少于1.25m的专用健身慢行道，健身慢行道长度不少于用地红线周长的1/4且不少于100m；室内健身空间的面积不少于地上建筑面积的0.3%且不少于60m²；健身空间所处楼梯间具有天然采光和良好的视野，且距离主入口的距离不大于15m。"

[目的]

为满足严寒地区公共建筑防寒、保温、节能、避风的使用需求，在满足功能合理的前提下，结合当地气候与环境特征，加强严寒地区公共建筑的空间组织与组合能力，保障建筑空间的合理布置。

[设计控制]

（1）根据建筑内部空间使用的温度、光照及通风需求，控制建筑内部空间的分区合理性。

（2）根据建筑内部空间的性能特点，控制建筑空间的搭配关系，优化空间组合形式与布局。

（3）根据建筑主要人流出入口、方向及当地气候特征，控制建筑主要出入口及内部交通关系，优化流线组织。

[设计要点]

B2-1-1_1 空间合理分区

严寒地区公共建筑应在满足功能合理的前提下，综合考虑空间性能要求对其空间进行合理分区，以增强建筑的气候适应性。

（1）分层分区：严寒地区宜结合温度分层，在建筑内垂直分区，将温度要求低的空间布置于底层，而将温度要求高的房间布置于顶层。

（2）热环境分区：严寒地区建筑空间可分为采暖区、非采暖区，采暖区一般为主要功能空间，非采暖区一般为辅助空间；在满足功能合理的前提下，应根据使用者对热环境的需求，满足不同的热舒适要求，对空间进行合理分区，即热环境质量要求相近的空间相对集中布置。

（3）缓冲分区：合理划分高、普通、低性能空间；根据"温度洋葱"宜将高性能空间内置，将普通性能、低性能空间外置，或将容许温度波动的房间放在被保护的房间和不要求采暖与制冷的房间之间。缓冲过渡空间在严寒地区主要防止冷风渗透对使用区域造成的不利影响，同时也为主要使用空间的热损失提供缓冲，一般为辅助空间。

（4）采光分区：根据太阳辐射获得量，严寒地区建筑空间可分为集热区和过渡区，集热区是获得太阳辐射最充裕的地方，宜设置主要使用空间，也可使采光要求高的活动靠近窗户。

（5）通风分区：根据建筑内不同空间的通风需求，合理区分自然通风与机械通风区域。

相关规范与研究

（1）《绿色建筑评价标准》GB/T 50378—2019第5.2.8条规定，内区采光系数满足采光要求的面积比例达到60%；地下空间平均采光系数不小于0.5%的面积与地下室首层面积的比例达到10%以上；室内主要功能空间至少60%面积比例区域的采光照度值不低于要求的小时数平均不少于4h/d。

（2）《绿色建筑评价标准》GB/T 50378—2019第5.2.9条规定，对于采用人工冷热源热湿环境，主要功能房间达到现行国家标准《民用建筑室内热湿环境评价标准》GB/T 50785规定的室内冷热源热湿环境整体评价Ⅱ级的面积比例达到60%；采用自然通风或复合通风的建筑，建筑主要功能房间室内热环境参数在适应性热舒适区域时间比例达到30%。

（3）李玲玲，张文. 严寒地区建筑气候适应性设计研究——以哈尔滨华润·万象汇为例[J]. 建筑技艺，2020（07）：50-53.

在气候与能量管理过程中，不同功能空间可按照空间性能的差异划分为低、普通、高性能空间，其设计策略是基于这种差异性串联布局各类空间，有针对性地利用、控制或规避气候要素对各类空间的影响，进而使空间的性能等级、能耗、使用频率达到高度的适配。

典型案例　哈尔滨华润·欢乐颂

（哈尔滨工业大学建筑设计研究院、上海域达建筑设计咨询有限公司设计作品）

哈尔滨华润·欢乐颂在设计之初便考虑到内部空间应依据使用功能的不同进行功能区分，并在此基础上合理设置建筑内部的温度缓冲区域，将高性能空间布局在建筑内部的有利位置，使外围低性能空间发挥缓冲作用，优化建筑性能，保证建筑内部空间的性能稳定，同时可降低建筑能耗，切实满足建筑的使用需求。

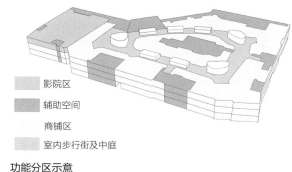

影院区

辅助空间

商铺区

室内步行街及中庭

功能分区示意

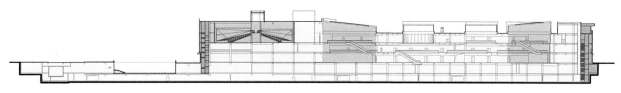

剖面功能划分示意

Building

B2-1-1_2 空间优化布局

（1）对建筑内部的高、普通、低性能空间进行优化搭配，合理选择建筑空间的组织模式（如串联、并列、核心式），便于整体的节能降耗。

（2）空间组织应紧凑连贯，遵循趋光得热、减少热损的原则，为常用空间争取日照，减少冬季热量损失。

（3）合理搭配不同功能空间的位置关系，宜将主要功能空间或大进深空间置于建筑南侧或东南侧，次要功能空间或小进深空间置于建筑北侧，根据通风采光能力与需求合理分配建筑空间位置，避免西晒。

（4）可将人流密集产生热量多的空间布置在建筑中下部，产热小的空间布置在建筑上部，缓解室内楼层的温差。

（5）合理控制建筑中部与外部边角空间的整体比例关系，充分发挥缓冲空间作用，提高整体性能。

（6）应根据使用功能要求，充分利用外部自然条件，合理选择布局模式，宜将人员长期停留的房间布置在有良好日照、采光、自然通风的位置且应远离有噪声、振动、电磁辐射、空气污染的房间或场所。

（7）大体量、大进深建筑，宜在中部布置中庭空间，有利于自然通风、采光。

相关规范与研究

（1）李玲玲，张文. 严寒地区建筑气候适应性设计研究——以哈尔滨华润·万象汇为例[J]. 建筑技艺，2020（07）：50-53.

严寒地区商业建筑研究表明，其疏散楼梯、通道、设备用房对温度要求低，人员密度小，可作为低性能空间布置于建筑北侧，为内侧空间提供气候缓冲；商铺和步行街是主要的功能空间，作为普通性能空间布置于里侧；东、南两侧布置大进深商业空间或儿童活动空间等对温度、光照需求较高的空间；电影院因其功能需要避光、隔声，作为高性能空间布置于建筑西侧。不同性能空间通过环形步行街串联，形成"温度洋葱"的空间组织基本架构，有利于建筑的节能降耗。

（2）《绿色建筑评价标准》GB/T 50378—2019第5.2.10条规定，公共建筑过渡季典型工况下主要功能房间平均自然通风换气次数不小于2次/h的面积比例达到70%以上。

（3）《绿色建筑评价标准》GB/T 50378—2019第5.2.7条规定，主要功能房间的隔声性能良好，构件及相邻房间之间的空气声隔声性能至少达到现行国家标准《民用建筑隔声设计规范》GB 50118中的低限标准限值和高要求标准限值的平均值，宜达到高要求标准限值；楼板的撞击声隔声性能至少达到现行国家标准《民用建筑隔声设计规范》GB 50118中的低限标准限值和高要求标准限值的平均值，宜达到高要求标准限值。

（4）《绿色建筑评价标准》GB/T 50378—2019第5.2.9条规定，对于采用人工冷热源的建筑，主要功能房间达到现行国家标准《民用建筑室内热湿环境评价标准》GB/T 50785规定的室内冷热源热湿环境整体评价Ⅱ级的面积比例达到60%；采用自然通风或复合通风的建筑，主要功能房间室内热环境参数在适应性热舒适区域的时间比例达到30%。

典型案例 **哈尔滨工业大学航天馆**
（哈尔滨工业大学建筑设计研究院设计作品）

哈尔滨工业大学航天馆位于校园内部，在设计时充分考虑到了其基地周边的实际环境，并针对具体情况，对内部空间的功能布局及流线关系进行了优化改进，保障了建筑内部使用功能的合理性。

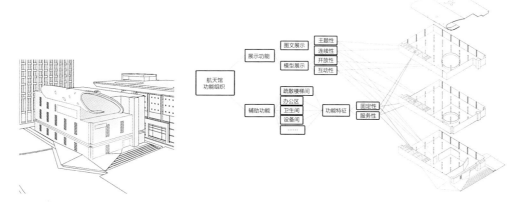

建筑与周边环境关系示意　　　　内部功能优化示意

B2-1-1_3 交通流线优化

（1）流线设计应便捷、高效，合理控制交通面积。

（2）建筑主要人流出入口应首选避风向阳处，且出入口处应设置门斗并宜采取转折流线、旋转门等避风防寒方法，进一步防冷风侵袭和渗透。

（3）保证室内交通空间流线连续，减少外露面积，保证空间整体封闭性良好，避寒防风。

（4）提倡将人流主要流线上的非消防楼梯与室内生态景观模块或中庭空间相结合布置，既可提高人的整体舒适性，又促进室内采光及不同空间的热交换能力，将严寒地区冬季供暖期中庭内的热量传递到交通空间中，使热量资源尽可能最大化利用。

Building

[目的]

针对严寒地区建筑冬季能耗高的问题，充分利用不同空间的性能特征，优化空间组合方式，发挥空间的聚合、协同效应，提升空间舒适性，降低建筑能耗。

[设计控制]

（1）控制性能相同或相近空间的组合聚类方式，减少能耗，降低空间浪费。

（2）控制不同性能空间的组合互补方式，优化空间性能，提高能源利用效率。

（3）控制缓冲过渡空间的位置及组合方式，降低不良气候对建筑空间的影响。

[设计要点]

B2-1-2_1 空间同类聚合

（1）在空间组织中，宜将性能要求相同或相近的空间集中设置，减少不同性能空间之间不必要的制热、制冷能耗。

（2）在空间组织中，宜将功能相同或相似的空间集中布置，便于使用的同时，发挥集聚效应减少空间浪费。

B2-1-2_2 空间协同互补

（1）依据性能需求的差异化进行空间配置，合理分配高、普通、低性能空间。

（2）将建筑内部空间按照气候性能等级进行划分，并按照温度梯度进行协同布局，实现空间性能优化。

（3）小空间与大空间或高空间可采取相邻布置的方式，以便借光。

（4）合理组合具有性能梯度差异的空间，形成风、光、热的协同利用。

相关规范与研究

王太洋. 基于能耗的严寒地区商业建筑空间布局气候适应性设计研究[D]. 哈尔滨：哈尔滨工业大学，2019.

通过对商业建筑进行分析，可发现建筑北侧辅助空间区域集中为一整体空间，可在严寒的冬季形成空气腔，对建筑内部空间的能耗损失起到保护作用。将供暖需求较低的小进深辅助空间进行集中，使得建筑北侧内部空间温度差异较小，可避免出现较大的温度变化。同时对各温度梯度空间依据其室内温度要求进行分区域供暖，可有效减少辅助空间的多余供能浪费。

B2-1-2_3 缓冲过渡空间

（1）充分利用建筑的附属空间或低性能空间，宜将其沿建筑不利朝向组合布置，形成缓冲空间，发挥其在冬季的保温防寒作用。

（2）在建筑的主导风向一侧布置封土景观或挡风墙，减缓冬季的冷风侵袭，并将建筑主要出入口与门廊、门斗、下沉广场等空间相组合，形成缓冲空间，降低冬季冷风渗透、降雪侵袭，发挥保温防风作用。

相关规范与研究

（1）韩培，梅洪元. 寒地建筑缓冲腔体的生态设计研究[J]. 建筑师，2015（04）：56-65.

（2）李玲玲，张文. 严寒地区建筑气候适应性设计研究——以哈尔滨华润·万象汇为例[J]. 建筑技艺，2020（07）：50-53.

建筑腔体即建筑采取适宜的空间体形、运用相应的技术措施，通过适当的细部构造，能够利用或辅助利用可再生能源，在运作机制上与生物腔体相似，高效低耗地营造出具有舒适宜人内部环境的建筑空间。对于严寒地区建筑腔体主要作用是对气候的隔离缓冲，以严寒地区商业建筑为例，其"第一层级缓冲区，可通过朝向优化和双层门斗降低室外冷风渗透；入口后连廊空间，建筑南侧的玻璃幕墙吸热、内部通厅蓄热、配合热风幕等措施，成为第二层级缓冲区；不规则中庭通过天窗得热和中庭空间的保温蓄热作用，作为第三层级气候缓冲区。三个缓冲区彼此联通，实现室外环境到室内环境的平稳过渡，保证主要功能空间的舒适性。"

典型案例　哈尔滨华润·欢乐颂

（哈尔滨工业大学建筑设计研究院、上海域达建筑设计咨询有限公司设计作品）

哈尔滨华润·欢乐颂为保障建筑内部空间的性能，布置了三级气候缓冲区，第一层级是通过优化朝向及主入口，起到外围缓冲；利用连续的辅助空间形成腔体，形成对低温和冷风渗透的第二层级缓冲；建筑内部通过天窗得热和中庭空间的保温蓄热，成为第三层级缓冲区。同时在布局时也考虑到了不同性能空间的高低协同搭配，这些措施共同促进了建筑能耗的有效降低。

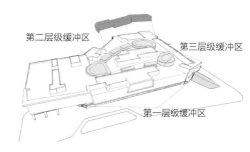

建筑气候缓冲空间示意

Building

[目的]

为满足严寒地区建筑空间在冬季防寒、保温、节能的使用需求，通过控制优化建筑空间的长、宽、高及其比例关系，提升建筑空间的综合性能。

[设计控制]

（1）控制建筑空间的高度，避免能耗浪费，优化采光与通风性能。

（2）控制建筑空间的开间、进深及其比例关系，降低空间能耗，提升空间性能。

[设计要点]

B2-2-1_1 控制空间高度

（1）综合评估空间的采光与采暖需求，合理控制建筑空间的高度，在满足采光的前提下，避免不必要的高大空间造成能耗浪费。

（2）控制建筑空间高度，合理选取高、低开口距离，综合考虑冬季避风与夏季自然通风的有机结合。

相关规范与研究

张冉. 严寒地区低能耗多层办公建筑形态设计参数模拟研究[D]. 哈尔滨：哈尔滨工业大学，2014.

严寒地区办公建筑研究表明，模拟分析其不同平面面积下，建筑能耗与建筑高度的关系。在1~6层变化范围内，即建筑高度在4.5~22.5m范围内变化时，在六层时各组模拟实验组均获得了最低单位建筑能耗值。对于严寒地区办公建筑，平面开间方向长度与进深方向长度比相同时，面积越小，高度改变能耗的趋势越大;面积相同时，在1000m²建筑规模下，平面开间与进深方向长度比比例越小，高度改变能耗的变化越小。

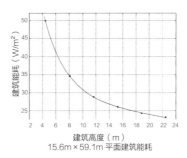

15.6m×59.1m 平面建筑能耗

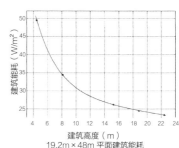

19.2m×48m 平面建筑能耗

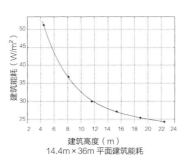

14.4m×36m 平面建筑能耗

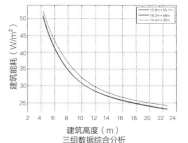

三组数据综合分析

单位建筑能耗分析

B2-2-1_2 优化开间进深

（1）在不影响房间使用功能的前提下，严寒气候区公共建筑设计宜优化建筑空间的开间与进深比，在不影响通风、采光的前提下，适当加大空间进深，减少空间总能耗。

（2）针对采光房间，优化进深与窗高的比例，争取更多自然采光，维持房间照度及光线均匀，并兼顾良好的户外视野。

相关规范与研究

王太洋，罗鹏，聂雨馨. 基于风环境模拟的东北严寒地区商业建筑入口前庭空间形态研究[J]. 低温建筑技术，2019，41（04）：15-18.

严寒地区公共建筑的研究表明，通过对公共建筑的前庭空间展开分析，探究其不同形态下的风速及温度变化。经模拟分析表明：在控制建筑体积不变的条件下，分别对进深＞开间、进深＜开间进行模拟分析，得到风速（v）、温度（T）模拟结果，表明空间进深加大有利于控制冬季冷风渗透，提高室内温度。

典型案例 哈尔滨杉杉商业综合体一期工程
（哈尔滨工业大学建筑设计研究院、NONSCALE设计事务所设计作品）

哈尔滨杉杉商业综合体一期工程作为大型商业建筑，在保障基本功能的前提下，充分考虑并控制建筑高度及开间进深比，通过在建筑内部设置多个中庭来打断建筑整体过大的开间尺度，同时在建筑高度上也依据不同的使用功能，合理选取建筑高度，以此保障建筑性能的稳定。

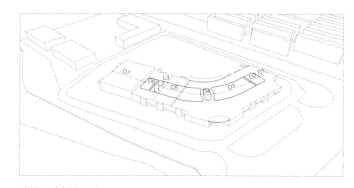

建筑尺度划分示意

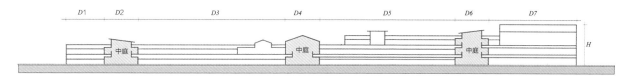

建筑剖面示意

095

[目的]

为满足严寒地区建筑空间在冬季防寒、保温、节能的使用需求，通过对建筑平面及剖面形式的选择优化，提高空间的被动节能效率，改善空间性能。

[设计控制]

（1）控制空间平面形式及长宽比，改善空间性能。

（2）控制空间剖面形式、高宽比及组合形式，提高空间的被动节能方式。

[设计要点]

B2-2-2_1 优化平面形式

（1）严寒地区公共建筑设计宜简化建筑平面形式，合理控制建筑平面形状，减少暴露面积，达到冬季避风防寒的效果。

（2）合理控制平面长宽比，改善建筑室内通风、采光及采暖与制冷能耗。

相关规范与研究

张冉. 严寒地区低能耗多层办公建筑形态设计参数模拟研究[D]. 哈尔滨：哈尔滨工业大学，2014.

哈尔滨地区多层办公建筑的单层建筑面积在500～2000m²范围浮动，分别设置500m²、1000m²、1500m²、2000m²四组进行模拟实验。在每组实验中，设置多组长宽比数据，即4：1、2：1、1：1，通过模拟实验得到在不同建筑平面规模下最佳建筑长宽比。

典型案例　哈尔滨工业大学建筑学院寒地建筑科学实验楼

（哈尔滨工业大学建筑设计研究院设计作品）

哈尔滨工业大学建筑学院寒地建筑科学实验楼在采用简单的长方形平面来控制建筑形体的同时，也将南向房间适度加大，争取更多太阳光照。

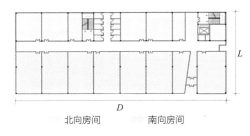

建筑平面示意

北向房间　　南向房间

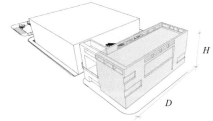

建筑形体示意

Building

B2-2-2_2 剖面形式控制

（1）优化建筑剖面形状及高宽比，满足节能通风的同时，尽量保障大进深建筑物中得到较深入的日照。

（2）合理选取空间腔体形式，满足生态节能的需求。

（3）控制建筑内部空间的组合形式，优化竖向空间的热压通风及能耗，防止冬季建筑内部形成烟囱效应。

相关规范与研究

（1）韩培，梅洪元. 寒地建筑缓冲腔体的生态设计研究[J]. 建筑师，2015（04）：56-65.

（2）张帆，张伶伶，李强.大空间建筑绿色设计的腔体导控技术[J]. 建筑师，2020（03）：85-90.

通过能量流的循环模式将建筑腔体分为三种类型：能量的贯穿、能量的拔取和能量的引导。建筑内部腔体的存在既可以给建筑的内部空间带来通风和采光，也可起到保温的作用。在夏季水平腔体可引导南北穿堂风通过，而在冬季竖直腔体可以起到缓冲保温的作用。此外相关研究表明，在腔体的植入模式上，同样截面积的前提下，多点分散型的室内通风明显得以改善，且通风的均好性更佳。

典型案例　瑞典皇家工学院汉宁南校区综合教学楼

（瑞典TEMA建筑事务所设计作品）

瑞典皇家工学院汉宁南校区综合教学楼通过合理地布置中庭空间，使得建筑内部的竖直腔体为周边空间起到了很好的缓冲保温作用，保障了建筑在实际使用过程中的舒适性。

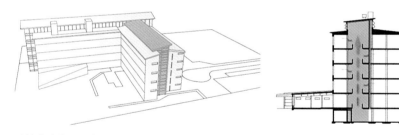

建筑中庭位置示意　　　　　　　　　　　　建筑中庭作用示意
来源：张彤. 绿色北欧：可持续发展的城市与建筑[M]. 南京：东南大学出版社，2009.

Building

[目的]

为满足严寒地区建筑空间在冬季防寒、保温、节能的使用需求，依据建筑空间不同的使用功能，合理划分主、次空间，借助次要空间来提高主要空间的使用性能。

[设计控制]

（1）控制建筑主体空间的体量、形态及朝向，保障主体空间的使用性能。

（2）控制建筑节点空间（腔体空间、入口空间）及辅助空间的形式、位置、朝向等，缓解不良气候对主体空间的影响。

[设计要点]

B2-2-3_1 主体空间设计

（1）合理控制主体空间体量，并尽可能采用完整的几何形态，保障空间的完整性，在争取采暖均匀性的同时，减少建筑空间外露面积，降低能耗。

（2）合理选取空间朝向，控制迎风面与背风面的开口面积，保障夏季通风的同时降低冬季的冷风侵袭。

相关规范与研究

《公共建筑节能设计标准》GB 50189—2015第3.2.1条规定，当公共建筑单栋建筑面积＞300m²，且≤800m²时，其体形系数一般不会超过0.5；当公共建筑单栋建筑面积＞800m²，其体形系数一般不会超过0.4。

典型案例 齐齐哈尔万达广场办公楼

（哈尔滨工业大学建筑设计研究院、万达商业规划研究院设计作品）

齐齐哈尔万达广场的SOHO办公楼采用了简单而完整的几何形态，降低了建筑外露面积，保证了内部空间的完整性，降低建筑能耗。同时其主推户型控制在50m²左

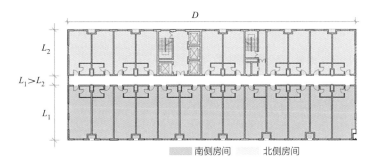

建筑平面示意

右，并有意让南侧户型面积略大于北侧，可有利于争取更多太阳光照，保持建筑内部空间环境性能的稳定。

B2-2-3_2 节点空间设计

（1）腔体空间

①从严寒地区防寒、节能和适用性的角度出发，宜采用中庭类建筑腔体形式。

②在兼顾中庭空间美观的同时，要重点考虑其内部空间的舒适度体验，通过形体控制强化节能效果，并结合季节调节，通过设置可调节的玻璃幕墙系统，增加冬季室内热辐射，降低采暖能耗。

③考虑到严寒地区夏季气候凉爽舒适，建筑中庭可优先考虑自然通风来改善室内热环境及气流分布，减少空调的使用，充分发挥严寒地区建筑中庭的节能潜力。

④建筑腔体的竖向设计应首先考虑其竖向位置的选择，当其在建筑中部或贯穿整个建筑时较为合理，如需将建筑腔体布置在顶部，则需要考虑对其腔体界面进行优化。

⑤严寒地区应合理控制建筑内部腔体空间高度，避免冬季形成烟囱效应，并防止夏季顶部空间过热。宜在腔体空间中采用热回收利用技术。

⑥严寒地区边庭类腔体空间宜布置于南向或东南向等有利朝向。

⑦严寒地区腔体空间在兼顾自然采光的同时应尽量减少暴露面积，提高建筑界面保温隔热性能和气密性。

（2）入口空间

①入口的位置与朝向：严寒地区建筑主要出入口朝向应避开冬季的主导风向，选择向阳避风的位置设置。

②设置门斗：建筑面向主导风向的外门应设置门斗或双层外门，其他外门宜设置门斗或采用其他减少冷风渗透的措施。

③设挡风门廊：挡风门廊适于冬季主导风向与入口空间成一定角度的建筑，角度越小效果越好。

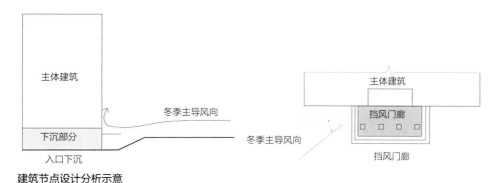

建筑节点设计分析示意

④入口前庭部分：在相同面积的情况下，扩大前庭进深或使前庭与门斗高度不同，打破顶界面的连续性，均可有效减弱冷风入侵带来的影响。

⑤门厅空间：门厅空间可通过空间变化，采用出入口错位或转折的方式，并争取与其他空间成角度布置，减弱室内风速，增加热舒适性。

⑥下沉式庭院入口：在严寒地区选择下沉式庭院入口可有效规避冷风倒灌等情况，形成气候过渡区。

相关规范与研究

（1）《绿色建筑评价标准》GB/T 50378—2019条文说明第7.1.3条规定，室内过渡空间是指门厅、中庭、高大空间中超出人员活动范围的空间，由于其较少或没有人员停留，可适当降低温度标准，以达到降低供暖空调用能的目的。"小空间保证、大空间过渡"是指在设计高大空间建筑时，将人员停留区域控制在小空间范围内，大空间部分按照过渡空间设计。

（2）《公共建筑节能设计标准》GB 50189—2015条文说明第3.2.10条规定，公共建筑的性质决定了它的外门开启频繁。在严寒地区的冬季，外门的频繁开启造成室外冷空气大量进入室内，导致供暖能耗增加，此时设置门斗可避免冷风直接进入室内，在节能的同时，也提高门厅的热舒适性。

典型案例 黑龙江省图书馆新馆
（哈尔滨工业大学建筑设计研究院设计作品）

黑龙江省图书馆新馆内部通过设置文化街形成一个共享的公共腔体空间，该共享空间不仅是组织各层交通的主干线和各功能空间的联系纽带，也打破了传统图书馆狭长、单调的走廊形式，同时对于保障建筑性能也发挥了重要的作用。

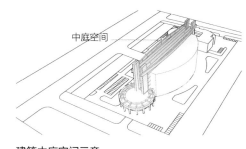

建筑中庭空间示意

B2-2-3_3 辅助空间设计

（1）考虑严寒地区建筑冬季采暖的需求，要留有足够的面积布置诸如锅炉房、换热站等特殊设备用房空间，考虑与城市热网的方便衔接。

（2）建筑辅助空间在设计中应参考实际情况确定其位置与朝向，原则上宜不占据主要采光面。

（3）在满足功能的前提下，应避免出现不必要的过大辅助性空间，合理控制辅助用房内部的温湿度，避免出现不必要的空间与能源浪费。

（4）建筑辅助空间宜遵循集约共用原则，在充分考虑服务距离的前提下，适当集中布置，可利用辅助空间作为缓冲空间为主体空间进行服务。

相关规范与研究

王太洋. 基于能耗的严寒地区商业建筑空间布局气候适应性设计研究[D]. 哈尔滨：哈尔滨工业大学，2019.

当公共建筑的辅助空间集中布置时可有效降低建筑能耗，而当其分散成若干空间布置于建筑任意位置时能耗显著上升。其形成原因为当辅助空间组成一整体时，便形成了一处空气腔，在严寒极低温的冬季可有效阻挡冷空气渗透。同时辅助空间对室内温度环境要求普遍较低，将其整合形成一整体空间时可将建筑划分为不同温度梯度空间。对各个温度梯度空间根据其室内温度要求进行分区域供暖，可有效减少辅助空间的多余供能浪费，对建筑内高性能空间的温度提供了一定保护作用。以哈尔滨华润·欢乐颂为例进行分析，通过对比试验，将建筑北侧辅助空间分割成四处分散的辅助空间，在其他设置条件不变的情况下，对其进行建筑能耗模拟。通过对比可知当辅助空间集中为一整体时，建筑能耗显著低于辅助空间分散布置，可知建筑辅助空间应集中布置在实例验证中成立。

典型案例　中国移动（哈尔滨）数据中心办公楼

（哈尔滨工业大学建筑设计研究院设计作品）

中国移动（哈尔滨）数据中心办公楼在建筑内部的东西两端集中布置开敞办公空间，并且采用分区集中布置新风、供暖设施。

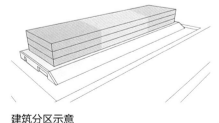

建筑分区示意

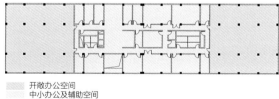

　　开敞办公空间
　　中小办公及辅助空间

建筑平面示意

[目的]

针对严寒地区的经济性的考虑，充分挖掘建筑空间使用功能的多元性，并提高公共空间与共享空间的比例关系，提升整体空间的利用效率。

[设计控制]

（1）控制建筑空间的开间及进深关系，增加空间利用率。

（2）控制公共空间与共享空间的比例关系，增加公共辅助空间的多功能性。

（3）控制建筑的装配化率，提高空间使用的兼容性。

[设计要点]

B2-3-1_1 空间通用

在合理范围内，宜考虑大开间、大进深的结构布置方案，提高功能的兼容性，增加空间的利用率。

B2-3-1_2 空间共享

针对严寒气候区冬季外部环境恶劣，对室内环境需求大的使用特点，宜适当增加公共空间、共享空间的比例，利用中庭、边庭等腔体空间兼容多元功能。

B2-3-1_3 标准化与装配式

注意空间设计的标准化，强化装配式建筑技术的应用，便于自由地进行空间模块的组合与拆分。

典型案例 哈尔滨工业大学建筑设计研究院科研办公楼

（哈尔滨工业大学建筑设计研究院设计作品）

哈尔滨工业大学建筑设计研究院科研办公楼采用"模块化"的功能分区理念，以60人规模的标准分院为基本单元，将其围绕贯穿5层的共享中庭设置。每个办公单元均采用8m×8m的标准柱网，使用面积为550m²。

建筑效果示意

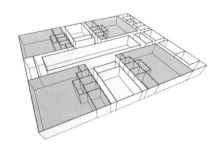

办公模块示意

哈尔滨松北中俄科技文化交流广场

（哈尔滨工业大学建筑设计研究院、法国VALODE ET PISTRE（VP）设计作品）

哈尔滨松北中俄科技文化交流广场会议中心一层5000m²的宴会厅可根据实际情况转换为多功能展厅、新闻发布厅等功能。其上层的多功能会议厅也可根据会议的举办等级进行实时转换，为保障重要会议的举办，可临时通过隔壁分区不做功能安排来减少噪声。

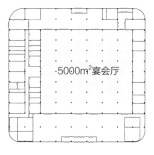

该宴会厅采用标准柱网，有利于空间灵活转换

宴会厅平面示意

建筑效果示意

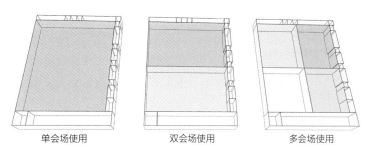

单会场使用　　　双会场使用　　　多会场使用

会议厅多功能转换使用示意

Building

【相关规范与研究】

（1）《绿色建筑评价标准》GB/T 50378—2019条文说明第4.2.6规定，提升建筑适变性，可有利于使用空间功能转换和改造再利用。建筑适变性包括建筑的适应性和可变性，其中适应性是指使用功能和空间的变化潜力。采用模块化布置方式，实现同一构件在不同需求下的功能互换，或同一构件在不同空间的功能复制，可提升建筑适变性，减少室内空间重新布置时对建筑构件的破坏，延长建筑使用寿命。

（2）孙澄，梅洪元. 严寒地区公共建筑共享空间创作的探索[J]. 低温建筑技术，2001（02）：13-14.

严寒地区公共建筑共享空间，可突破传统的空间观念，提高空间的趣味性和吸引力，改善建筑的环境质量，作为人们视觉上的清新剂和心理上的兴奋剂。

[目的]

结合严寒地区的经济性与节能的考虑，通过采取合理的空间转换与划分方式，并针对内部空间性能进行合理调控，来提高空间的使用效率。

[设计控制]

（1）控制建筑过渡空间的使用方式，适时扩充建筑体量。

（2）控制建筑空间的划分方式，提高建筑空间的灵活性。

（3）分时段控制建筑的空间性能，降低建筑整体能耗。

[设计要点]

B2-3-2_1 空间体量伸缩

合理利用建筑过渡空间作为与外界空间的衔接纽带，根据气候条件合理利用使其适应不同使用需求。

相关规范与研究

蔡浩. 严寒地区商业综合体外部空间设计研究[D]. 长春：吉林建筑大学，2016.

芦原义信在《外部空间设计》中将建筑外部空间称之为"积极空间"，相关研究也表明公共建筑外部空间具备了交通功能、商业功能、休闲娱乐功能、景观功能以及文化传播功能，而在严寒地区气候是影响其环境质量的重要因素之一，因此我们需要合理地考虑气候适应性因素，结合气候特征充分发挥建筑外部过渡空间的功能作用，合理拓展建筑使用空间。

典型案例 内蒙古工大建筑设计楼

（内蒙古工业大学建筑设计有限责任公司设计作品）

内蒙古工大建筑设计楼在街道转角处留出一个边院，过渡了建筑和城市空间，更为员工提供了不受临街干扰的户外活动场所，也为城市街道生活增添了一处开放的活力空间。

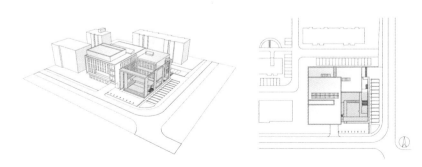

建筑外部边院示意　　　　　建筑总平面示意

来源：张鹏举. 平实建造[M]. 北京：中国建筑工业出版社，2016.

B2-3-2_2 空间灵活划分

（1）宜采用灵活隔墙（隔断）等便于拆改和再利用的空间分隔方式，便于空间形态的灵活划分。

（2）在空间灵活转换的同时，应注重层高及开间的适宜性，关注转换后空间使用的舒适性及功能的合理性。

相关规范与研究

《绿色建筑评价标准》GB/T 50378—2019条文说明第4.2.6条规定，建筑的可变性是指结构和空间上的形态变化。通过利用建筑现有的空间和结构潜力，使建筑空间和功能适应使用者需求的变化，可以保障建筑具有更大的弹性以应对变化，以此可让建筑获得更长的使用寿命。

B2-3-2_3 空间性能可控

（1）根据季节的气候性变化特征，对空间的使用性能进行气候适应性调控。提出冬季与夏季室内空间的温度要求。

（2）依据空间每日不同时段的使用特征，对空间温湿度及光照进行合理调控。

典型案例　怀特建筑师事务所办公楼

（怀特建筑师事务所设计作品）

怀特建筑师事务所办公楼平面简洁，开敞大空间面向平坦、开阔的场地，该空间也可进行灵活划分，满足不同功能的使用需求，同时该建筑混凝土楼板充当了蓄热体量，可作为室内温度调节器，有助于降低建筑能耗。

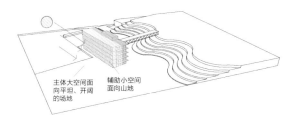

建筑与周边环境关系示意

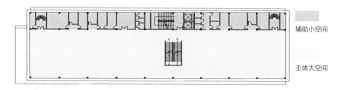

建筑平面示意

来源：张彤. 绿色北欧：可持续发展的城市与建筑[M]. 南京：东南大学出版社，2009.

Building

[目的]

严寒地区建筑设计应在满足建筑功能与美观的基础上，满足形状设计避风向阳、降低热量损耗的目的。

[设计控制]

从整体控制形体简化、从建筑选形、围合模式、形体凹凸、退台与错位关系等方面合理控制严寒地区公共建筑形体生成，合理提高建筑自身向阳避风防寒能力。

[设计要点]

B3-1-1_1 简化建筑形体

严寒地区公共建筑设计宜简化建筑形体，控制体形系数不大于0.4，在满足建筑功能与美观的基础上，尽可能降低体形系数，达到防寒、避风的目的。

关键措施与指标

体形系数

相关规范与研究

（1）《公共建筑节能设计标准》GB 50189—2015第3.2.1条规定，对公共建筑体形系数的要求如下："严寒地区公共建筑单栋建筑面积为300～800m²时体形系数应不大于0.50，当严寒地区公共建筑单栋面积大于800m²时，建筑应具有不大于0.4的体形系数。"

（2）马宇婷. 寒冷地区公共建筑整体形态被动式设计策略应用研究 [D]. 天津：天津大学，2018.

公共建筑体形系数表

单栋建筑面积A（m²）	建筑体形系数
300<A≤800	≤0.50
A>800	≤0.40

体形系数是影响严寒地区建筑热损失量的重要因素。采用整合体块、减小体形系数的方法可以降低热损失。在设计中可以在建筑设计中可以减少平面不必要的小尺度变化，增加建筑进深，减少面宽，使平面接近正方。然而需要注意的是，一味地减小体形系数会造成建筑呆板、单调，损害建筑功能，需要结合实际项目中各要素之间的关系综合考虑。

[设计要点]

B3-1-1_2 选择有利形状

建筑形体设计应注重向阳、避风、防寒，并有利于建筑周边外部微气候环境的营造：

（1）在严寒气候环境下相同面积不同平面形式能耗由小至大的顺序依次为圆形、正方形、长方形、菱形和三角形。在综合考虑建筑功能及美观的前提下，宜优先选用体形系数较小的建筑平面形式。

（2）在严寒气候环境下宜尽量避免建筑形体中出现底层架空及局部孔洞等形态，避免出现喇叭口正对冬季主导风向，减少冷风倒灌的程度及可能性，使建筑形体有利于避风适寒。

（3）建筑形体设计宜向南侧、东南侧展开，北侧、西北侧收缩，争取日照的同时减少冬季冷风的侵袭。

（4）宜选择流线型建筑形体，减少建筑表面风压，避免冷风渗透。

（5）宜合理控制坡屋顶屋脊方向和位置，减少建筑阴影面积，使建筑剖面形态适光向阳。

（6）屋面排雪：建筑屋面设计宜坡度适当以利于排雪，减少屋面积雪量，减轻建筑受降雪的影响。

    ①对于降雪量较大地区大跨度建筑宜选用与地面夹角呈30°的坡屋面。

    ②屋顶形态宜选取球面式、组合式等。

（7）屋面防风：严寒地区公共建筑宜选择利于导风的屋面形态，避免凸起部位直面冬季主导风向，起到避风、防风的作用。

关键措施与指标

屋面排雪坡度

相关规范与研究

《建筑结构荷载规范》GB 50009—2012 第7.1、7.2条规定，对于建筑雪荷载的计算及要求如下：雪荷载值一般占整个屋盖结构自重的10%~30%，在严寒多雪地区，大雪之后，屋盖结构会产生部分变形，有时还导致结构破坏。而在屋面低凹处更为严重，由于雪的堆积在局部易形成较大荷载，且一般屋盖结构安全度偏低，因此，在进行结构设计时，应慎重对待，妥善处理雪载取值。

$$S_k = \mu_r S_0$$

S_k——雪荷载标准值（kN/m²）；

μ_r——屋面积雪分布系数；

S_0——基本雪压（kN/m²）

Building

典型案例 哈尔滨华润·欢乐颂

（哈尔滨工业大学建筑设计研究院、上海域达建筑设计咨询优先公司设计作品）

　　东北严寒地区建筑设计要求尽可能减小体形系数，对建筑体量进行集约化处理，该项目建筑体形系数为0.09，符合《公共建筑节能设计标准》GB 50189—2015第3.2.1条对体形系数应小于或等于0.40的规定。基于商业建筑功能属性，适当控制建筑进深，最大化优化建筑内外区比例。通过对建筑及周边环境进行光环境模拟，优化建筑形体，最大化挖掘建筑被动向阳得热潜力。

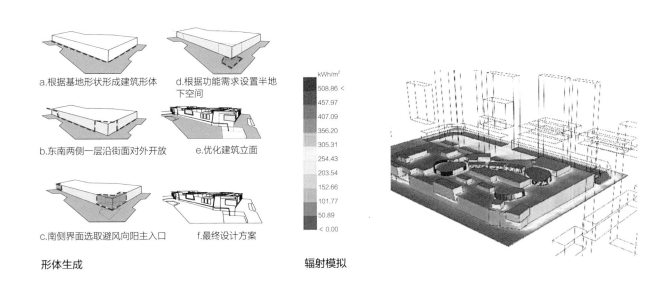

a.根据基地形状形成建筑形体　　d.根据功能需求设置半地下空间

b.东南两侧一层沿街面对外开放　　e.优化建筑立面

c.南侧界面选取避风向阳主入口　　f.最终设计方案

形体生成　　　　　　　　　　　**辐射模拟**

哈尔滨华润·欢乐颂设计参数

外表面积	32331.55m²
建筑体积	362140.75m³
体形系数	0.09
标准依据	《公共建筑节能设计标准》GB 50189—2015第3.2.1条
标准要求	体形系数应≤0.40
结论	满足

Building

B3-1-1_3 合理选择围合模式

（1）在严寒气候环境下宜利用合理的围合模式，争取日照，减少冷风侵袭。

（2）围合形式和围合度的选择应考虑日照和风的影响，避免出现形体自遮阳和冷风倒灌的现象。

（3）建筑形体围合出的空间宜朝向有利朝向，向阳、避风，以便形成有利的微气候环境。

（4）合理控制围合空间形体与尺度，减少阴影面积比例。

关键措施与指标

界面围合参数：$F=S/2H(A+B)$。

其中：F—界面围合参数，S—围合面面积，A—围合界面宽度，B—围合界面长度，H—围合边界高度。

典型案例 东北大学文科2楼

（清华大学建筑设计研究院设计作品）

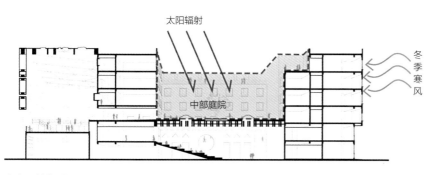

中庭吸纳冬季日照

该项目位于沈阳东北大学浑南新校区，是建筑学院、文化创意学院及国际交流学院的教学楼。建筑采用围合式布局，四周为实体建筑围合，中部设置庭院，有效阻挡寒风入侵，为建筑内部空间自然采光创造条件的同时，形成了环境稳定、舒适的庭院活动空间。

B3-1-1_4 控制建筑形体凹凸

（1）建筑形体设计应避免过多凹凸变化，使布局紧凑、形体规整，降低体形系数的同时减少自遮阳。

（2）建筑不利朝向应尽量控制形体凸凹，减少不利朝向的暴露面积，建筑有利朝向宜优先考虑整体自遮阳问题，使建筑在冬季日照充足。建筑形体的凸凹变化应有利于争取日照，合理控制自然采光、避风防寒。

B3-1-1_5 优化退台与错位

严寒地区建筑形体的退台、扭转、倾斜与错位应有利于争取日照，避免产生形体自遮阳。

典型案例 **哈尔滨工业大学寒地绿色建筑工程研究中心及寒地绿色生态示范建筑**
（哈尔滨工业大学建筑设计研究院设计作品）

寒地建筑研究中心位于哈尔滨工业大学校园内，由于用地紧张，新建筑与北侧的哈尔滨工业大学建筑设计研究院仅相隔7m，并且高度相同，采用完整的形体将严重阻挡原有建筑的北向视线，也将导致寒地研究中心完全没有南向光照，这对于寒地建筑是最大的弊端。通过功能整合，我们将实验室的南侧两跨降低为2层，将双层通高并且不需要采光

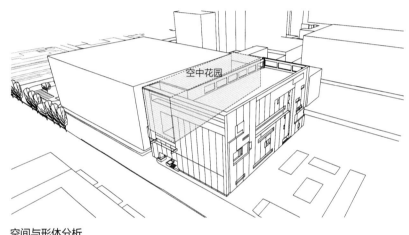

空间与形体分析

的全消声实验室布置于此，这样两座建筑的主体部分间距扩大为23m，为实验室争取到了宝贵的南向采光。①

① 梅洪元，王飞，张伟玲，等. 寒地建筑研究中心 [J]. 建筑学报，2015，566（11）：70-73.

Building

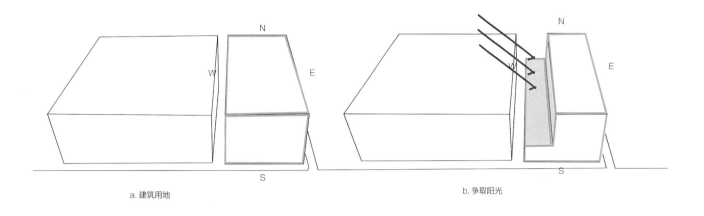

a. 建筑用地　　　　　　　　　　　　　　　　b. 争取阳光

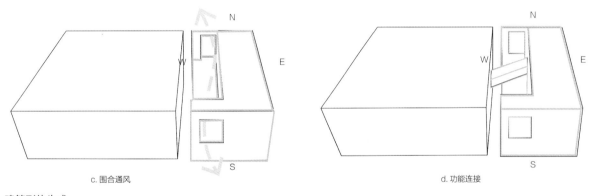

c. 围合通风　　　　　　　　　　　　　　　　d. 功能连接

建筑形体生成

　　"新建筑的形体与原有建筑之间形成四面闭合的阳光院落，在保证建筑形体简洁、规整的基础上营造出亲和环境的室外庭院，有机地通过形体组织将消极空间释放为适宜寒地户外活动的积极空间，并在屋顶庭院中种植浅根系耐寒植物，避免了寒地建筑室外空间冬季萧条的景象，实现寒地屋顶花园的冬夏常绿。建筑东立面上巨大的开口一方面实现了建筑屋顶花园与校园景观的相互渗透，另一方面为屋顶花园带来了自然通风。"[1]

---

① 梅洪元，王飞. 平凡表达——寒地建筑研究中心创作思考 [J]. 建筑学报，2015，566（11）：74-75.

Building

[目的]

通过对建筑边角的优化设计，调整建筑薄弱环节。防风避寒，避免建筑局部热损及构造损坏。

[设计控制]

通过对建筑边角形态、边角开窗、边角交接的控制，优化建筑薄弱环节，防风避寒，减少由于边角设计问题产生的能耗问题。

[设计要点]

B3-1-2_1 边角柔化处理

（1）严寒地区宜柔化建筑边角形态，避免局部风压所产生的破坏。

（2）建筑角部交接复杂，宜加强角部构造，避免产生局部冷桥所带来的室内局部温度降低，结露长霉。

（3）严寒地区建筑顶界面应对檐口进行处理，注意冬季排雪，避免出现局部风压过大和冰凌等问题。

（4）宜尽量避免建筑西北角开窗，避免主导风向开窗。角部风压大冷风渗透强，应采用顺风导风，避免局部风压集中以减少局部冷风渗透问题。不宜在北向、西北向等不利朝向建筑边角部位开窗，以避免冷风渗透和室内局部空间温度降低。

B3-1-2_2 屋面边角处理

对于无法实现自排雪的建筑坡屋顶，宜考虑进行防雪隔断设计，避免出现顶部积雪滑落和冰凌，对建筑下方的人和物造成威胁。

关键措施与指标

建筑风压：垂直于建筑物表面上的风荷载标准值。应按右侧公式确定：

相关规范与研究

《建筑结构荷载规范》GB 50009—2012第8.1.1条规定，基本风压应按50年重现期的风压值确定，但不得小于0.3kN/m²。对于高层建筑、高耸结构以及对风荷载比较敏感的其他结构，基本风压的取值应适当提高，并应符合有关结构设计规范的规定。

$w_k=\beta_z\mu_s\mu_z w_o$

式中：

w_k—风荷载标准值（kN/m²）；

β_z—高度z处的风振系数；

μ_s—风荷载体形系数；

μ_z—风压高度变化系数；

w_o—基本风压（kN/m²）。

计算围护结构时，应按下式计算：

$w_k=\beta_z\mu_s\mu_z w_o$

式中：β_z—高度z处的阵风系数

μ_z—风荷载局部体形系数

典型案例 大兴安岭文化体育中心

（哈尔滨天宸建筑设计有限公司）

大兴安岭文化体育中心结合当地严寒的气候条件，将多个建筑空间进行有机整合，减少建筑外表面的暴露面积。建筑形体结合内部空间，采用流畅的曲线形态，向阳适风，有利排雪；建筑边角采用圆弧形处理，避免冷风渗透和过渡季节风对建筑表皮的破坏。

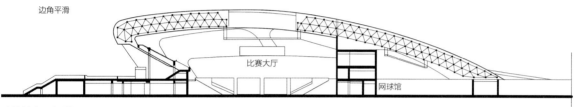

建筑边角平滑处理
来源：唐家骏，罗鹏，及强. 大兴安岭文化体育中心[J]. 城市建筑，2013（17）：85-89.

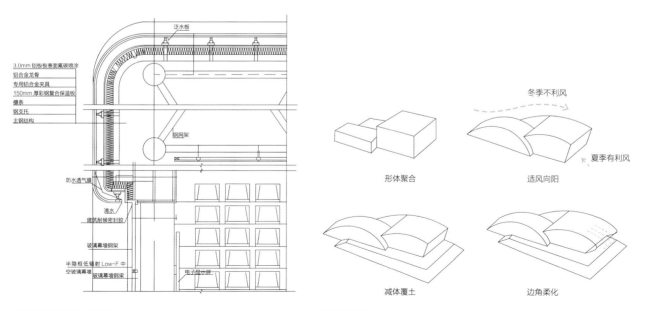

建筑边角构造节点详图　　　　　　　　　　**建筑形体生成**

Building

[目的]

在不影响建筑空间功能的前提下，通过建筑体块之间的组合，从趋光、避风、得热三个方面实现建筑能耗控制。

[设计控制]

（1）通过控制建筑暴露面积降低建筑热量损耗从而降低建筑能耗。

（2）通过控制相邻体块高低组合关系控制建筑形体自遮挡、趋光得热，降低建筑能耗。

（3）通过提高建筑体块围合程度减少冷风侵袭带来的建筑热损，减低建筑能耗。

[设计要点]

B3-2-1_1 减少暴露面积

建筑由多个体量组成时，宜将形体进行组合，增加形体之间接触面积，减少暴露面积，从而降低冬季建筑热量损耗。

B3-2-1_2 控制高度与距离

（1）当严寒地区公共建筑由高大体量和低矮体量组合形成时，宜将高大体量置于北向，低矮体量置于南侧，避免产生形体自遮挡。

（2）宜将建筑实体放置于北向、西北向等不利朝向位置，而将虚体放置于南向、东南向等有利位置。增强建筑形体围合程度，有利于建筑自身得热与避风。

（3）建筑体量组合应合理控制不同体量的高度、方位和相互之间的距离，争取日照、减少自遮阳。对有日照间距和采光标准要求的公共建筑应满足相关规范和标准的要求。

（4）严寒地区公共建筑设计在不影响功能及美观的条件下，应尽量避免形成悬挑或建筑剖面形成上大下小关系。

B3-2-1_3 优化围合与连接

（1）严寒地区公共建筑进行体量组合设计时，宜形成围合程度较高的建筑形体，适宜冬季避风防寒。

（2）对于因功能原因体量较分散的公共建筑，宜通过室内廊道进行连接。

关键措施与指标

建筑采光系数、窗地面积比、采光等级、能量体形系数

能量体形系数：建筑热交换界面面积与耗能空间体积的比值。通过被动式设计，调节围护结构热工性能，减少能耗空间，都将使这一系数得到优化。

相关规范与研究

（1）《民用建筑设计统一标准》GB 50352—2019条文说明第5.1.2条，住宅、宿舍、托儿所、幼儿园、宿舍、老年人居住建筑、医院病房楼等类型建筑有相关日照标准，并应执行当地城市规划行政主管部门依照日照标准制定的相关规定。

（2）《托儿所、幼儿园建筑设计规范》JGJ 89—87第3.1.8条规定，托儿所、幼儿园生活用房应满足冬至日底层满窗日照不少于3小时的要求，其活动场地应有不少于二分之一的活动面积在标准的建筑日照阴影线之外。

建筑采光系数参考表

采光等级	场所名称	采光系数最低值（%）	窗地面积比
Ⅲ	活动室、寝室	3.0	1/5
	多功能活动室	3.0	1/5
	办公室、保健观察室	3.0	1/5
	睡眠区、活动区	3.0	1/5
Ⅴ	卫生间	1.0	1/10
	楼梯间、走廊	1.0	1/10

典型案例 瑞典皇家工学院南校区综合教学楼

（瑞典TEMA建筑事务所设计作品）

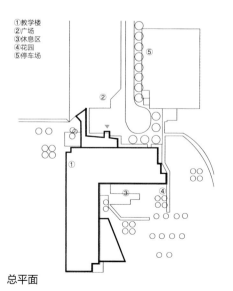

①教学楼
②广场
③休息区
④花园
⑤停车场

总平面

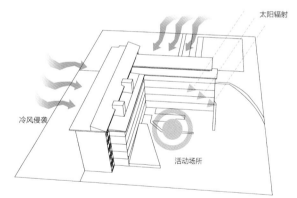

太阳辐射

冷风侵袭

活动场所

平面分析

该建筑基地靠近汉宁中心火车站，交通便捷，环境优美。L形体量使建筑与自然要素充分融合，师生们可以享受阳光，在靠近地面的木平台上阅读、休息。L形建筑形体中的高大体块位于场地的北侧和西侧，遮挡了部分冬季寒风，避免冬季冷风倒灌，营造冬季舒适的活动场所。

来源：张彤. 绿色北欧：可持续发展的城市与建筑[M]. 南京：东南大学出版社，2009.

[目的]

通过压缩建筑外露面积达到减少建筑冬季热损、减少建筑耗材的目的。

[设计控制]

通过控制建筑相对体积和绝对体积压缩整体建筑面积，起到避风防寒的作用。

[设计要点]

B3-2-2_1 绝对体积压缩

（1）根据建筑规模，在满足建筑使用功能条件的前提下，优化平面布局，适当缩小建筑平面尺寸，整体压缩建筑面积。

（2）在满足建筑使用功能条件的前提下，适当降低建筑层高，整体压缩建筑体积。

B3-2-2_2 相对体积控制

（1）在不影响建筑功能的条件下可通过对建筑进行覆土或下沉处理，减少建筑外露表面积，起到避风防寒的作用。

（2）合理利用地形减小建筑暴露体量，减少冬季热损耗，避风向阳。

相关规范与研究

马宇婷. 寒冷地区公共建筑整体形态被动式设计策略应用研究 [D]. 天津：天津大学，2018.

土壤的热容量大，蓄热力强，温度波动随地下深度增加而减小，可以利用土壤作为建筑冬季的热源和夏季的冷库。覆土植物可以改善城市环境微气候。覆土建造可有三种基本形式：将建筑物埋在土壤中，建筑四周用土覆盖，插入场地原有的土坡中。三种模式的覆土范围逐渐扩大。在设计覆土建筑时，提供足够的通风和采光十分重要，采光和通风可以通过中庭或天井获得，也可以通过布置在一侧或多侧的侧窗获得。下图提供了多种关于覆土建筑采光和通风的策略。

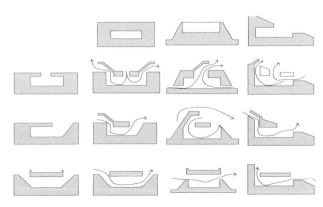

覆土建筑不同情况下的采光通风策略

典型案例 哈尔滨群力新区龙江艺术展览中心

（哈尔滨工业大学建筑设计研究院设计作品）

　　该项目主体建筑地上2层、地下1层，地下一层为设备用房、厨房、库房、咖啡厅与展厅；一层为展厅。建筑设计结合周边环境，采用覆土处理，屋面能够满足灌木和草皮的栽植要求，延续广场景观，减少建筑暴露面积。

哈尔滨群力新区龙江艺术展览中心

内蒙古罕山生态馆和游客中心

（内蒙古工大建筑设计有限责任公司设计作品）

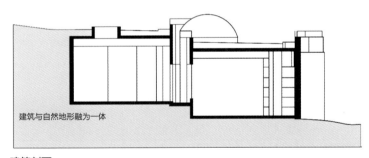

建筑与自然地形融为一体

建筑剖面

　　该项目在适度隐藏建筑体量而不影响景观的前提下，基地选择在林场管理用房北侧一片微树林背后的山坡前。建筑依山就势，建筑根据功能分前后两处布置，为更有效的避免寒冷的北风吹袭，建筑体量尽可能紧靠多埋，以便减少裸露在外的外墙面积。

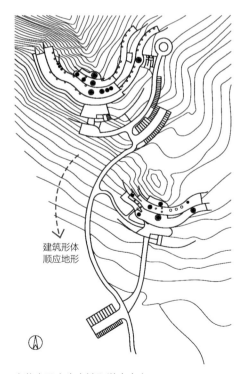

建筑形体
顺应地形

内蒙古罕山生态馆和游客中心

[目的]

通过对严寒地区公共建筑空间方位的调控，为建筑争取日照，

[设计控制]

（1）控制建筑方位，争取日照、减少落影，使建筑冬季获取更多的太阳辐射。

（2）控制建筑方位，避免夏、秋季节西晒问题，合理利用太阳辐射。

[设计要点]

B3-3-1_1 争取日照

严寒地区建筑设计中宜将长边布置于有利朝向，用以争取日照。

B3-3-1_2 减少落影

严寒地区建筑设计中宜进行合理的朝向处理减少建筑阴影面积。

B3-3-1_3 避免西晒

严寒地区建筑设计宜合理布置建筑朝向，避免夏、秋季出现西晒问题。

相关规范与研究

（1）《公共建筑节能设计标准》GB 50189—2015第3.2.6条，建筑立面朝向的划分应符合下列规定：

①北向应为北偏西60°至北偏东60°；

②南向应为南偏西30°至南偏东30°；

③西向应为西偏北30°至西偏南60°（包括西偏北30°和西偏南60°）；

④东向应为东偏北30°至东偏南60°（包括东偏北30°和东偏南60°）。

（2）马宇婷. 寒冷地区公共建筑整体形态被动式设计策略应用研究 [D]. 天津：天津大学，2018.

建筑朝向对于冬季寒冷地区建筑被动式节能十分重要。为在冬季采集到温暖的阳光，应尽量将建筑布置成南北向或偏东，偏西不超过30°的角度，忌东西向布置。建筑南侧尽量留出开阔的空间，以争取较多的冬季日照和夏季通风。当场地面积有限，无法保证足够的建筑间距时，也可以通过调整建筑屋面倾斜角度的方式，使场地获得足够的日照如应用太阳罩设计策略：在指定的场地上不会遮蔽毗邻场地的最大可建体积。太阳罩的大小和形状受场地的大小、朝向、纬度、有效日照时间和周边建筑允许的遮阳量影响。

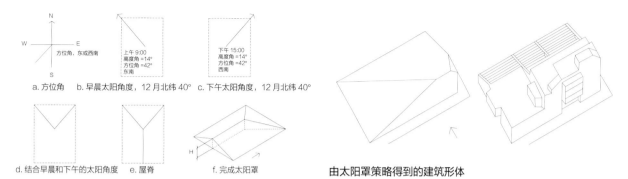

a. 方位角　b. 早晨太阳角度，12月北纬40°　c. 下午太阳角度，12月北纬40°

d. 结合早晨和下午的太阳角度　e. 屋脊　f. 完成太阳罩

太阳罩的建立

由太阳罩策略得到的建筑形体

典型案例 哈尔滨 华润·欢乐颂

（哈尔滨工业大学建筑设计研究院、上海域达建筑设计咨询有限公司设计作品）

　　该项目通过对场地有利与不利朝向进行分析，建筑主要立面沿南向和东向展开，在扩大有效采光面、争取南向、东向有利自然采光的同时，避免西晒；建筑东西向开间大、南北向进深小，有利于夏季自然通风，并利用场地北侧的高层建筑阻挡冬季冷风的侵袭。该项目通过合理的建筑朝向设计，利用自然环境和场地条件，有效降低建筑能耗。

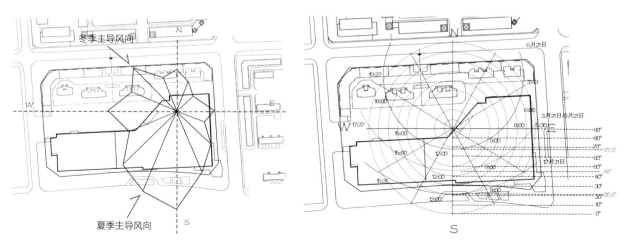

风环境与建筑朝向分析

日照与建筑朝向分析

Building

[目的]

区分严寒地区冬夏季主导风向，通过合理控制建筑方位，达到冬季避风、夏季通风的效果，降低能耗，提高室内舒适度。

[设计控制]

（1）根据冬季主导风向控制建筑方位，避免冷风侵袭。

（2）根据夏季主导风向控制建筑方位，合理利用自然通风。

[设计要点]

`B3-3-2_1` 避风适寒

严寒地区建筑设计中宜将建筑短边朝向冬季不利风向以达到避风适寒的效果。

`B3-3-2_2` 自然通风

（1）严寒地区建筑形体设计应与建筑朝向布置相结合，兼顾冬季避风与夏季通风。

（2）形体设计中宜将污染区域，如厨房、卫生间等有污染、异味的空间，放置于全年主导风下风区域。

相关规范与研究

刘加平，谭良斌，何泉. 建筑创作中的节能设计 [M].北京：中国建筑工业出版社，2009：38.

对于夏季通风而言，通风的效果与主导风向和建筑主立面所成的夹角以及建筑开窗的相对位置有关。如下图，建筑相对的墙面上有窗户时，如果建筑垂直于主导风向，则气流由进风口笔直流向出风口。风向入射角偏斜45°产生的室内风速和气流分布更好。如果相邻墙面上有窗户，建筑长轴垂直于主导风向带来理想的通风，偏离20°～30°也不会严重影响建筑室内通风。

常见的长条形、L形、U形和口字形，与冬季主导风向不同的对位关系产生不同的防风效果。

a.气流分布较好　　　　b.气流短路

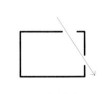

c.气流分布较好　　　　d.气流短路

不同体形建筑与冬季主导风向的对应关系

相对墙面上有窗户（a、b）与相邻墙面上有窗户（c、d）

典型案例　哈尔滨华润·欢乐颂

（哈尔滨工业大学建筑设计研究院、上海域达建筑设计咨询有限公司设计作品）

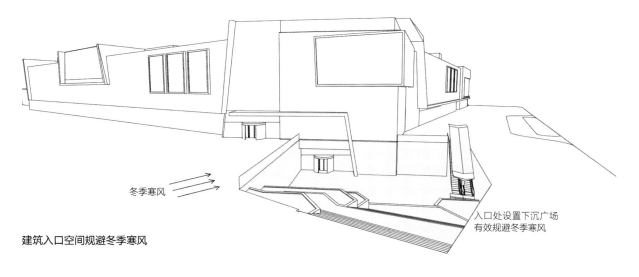

冬季寒风

入口处设置下沉广场
有效规避冬季寒风

建筑入口空间规避冬季寒风

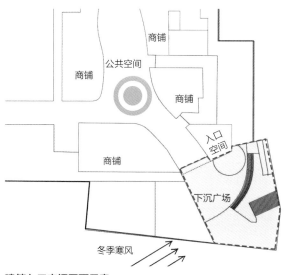

商铺

公共空间

商铺

商铺

商铺

入口
空间

下沉广场

冬季寒风

建筑入口空间平面示意

建筑主要入口布置于建筑东南角，规避哈尔滨冬季主导风向，同时在建筑主要入口前设置下沉广场，形成室外气候缓冲区，在哈尔滨市严寒的冬季中可有效减少入口空间单元的冷风渗透，起到向阳避风的作用，营造舒适的风环境。

Building

[目的]

结合严寒地区气候环境特征，增强建筑外围护界面对太阳辐射的保存、转化能力，降低建筑供暖能耗，增强建筑对严寒气候的适应能力。

[设计控制]

（1）提高建筑外围护界面保温蓄热能力，使建筑更好地适应严寒气候环境，减少建筑供暖能耗。

（2）结合建筑外围护界面合理设置太阳能利用设施，进行太阳辐射收集和转换，承担一定建筑供热和供电。

[设计要点]

B4-1-1_1 蓄热

（1）严寒地区建筑外围护界面宜优先采用热稳定性高、保温性能好的墙体材料，减少保温层厚度，提高外围护界面的保温蓄热能力。

（2）严寒地区宜在外围护结构中利用腔体空间蓄热，并对热能进行合理利用。

（3）严寒地区建筑外围护界面墙体的节能改造可采用集热蓄热墙式和附加阳光间相结合。

关键措施与指标

《民用建筑热工设计规范》GB 50176—2016中表4.1.1和表4.1.2，建筑热工设计区划分为两级，应按照区划指标遵循以下设计原则：

建筑热工设计一级区划指标及设计原则

一级区划名称	区划指标		设计原则
	主要指标	辅助指标	
严寒地区（1）	$t_{min} \cdot _m \leq -10℃$	$145 \leq d_{\leq 5}$	必须充分满足冬季保温要求，一般可不考虑夏季防热
严寒地区（2）	$-10℃ < t_{min} \cdot _m \leq 0℃$	$90 \leq d_{\leq 5} < 145$	应满足冬季保温要求，部分地区兼顾夏季防热

建筑热工设计二级区划指标及设计原则

二级区划名称	区划指标	设计要求
严寒A区（1A）	$6000 \leq HDD18$	冬季保温要求极高，必须满足保温设计要求，不考虑防热设计
严寒B区（1B）	$5000 \leq HDD18 < 6000$	冬季保温要求非常高，必须满足保温设计要求，不考虑防热设计
严寒C区（1C）	$3800 \leq HDD18 < 5000$	必须满足保温设计要求，可不考虑防热设计

相关规范与研究

郑玉瑭. 严寒地区低能耗建筑节能的几点探讨[D]. 哈尔滨：哈尔滨工业大学，2007.

以哈尔滨地区为例，利用全能耗模拟软件 *Energyplus* 对南墙采用集热蓄热墙体的节能建筑模型的热工性能进行模拟研究，并和传统建筑模型在整个采暖期的建筑能耗进行分析比较。在有外加热源供热的条件下，供暖期间的11月份至3月份的节能建筑模型能耗明显减少。节能建筑模型的能耗为 0.627×10^8 kJ，传统建筑模型的能耗为 2.217×10^8 kJ。

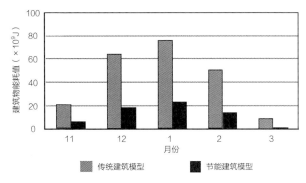

采暖期能耗对比

B4-1-1_2 蓄能

（1）严寒地区具有较丰富的太阳能资源，在公共建筑设计时应进行充分利用。

（2）宜通过太阳能设施与外围护界面一体化设计，实现光—电转换和光—热转换，承担一定建筑供热和供电。

关键措施与指标

太阳能保证率

太阳能保证率

太阳能资源区划	太阳能热水系统	太阳能供暖系统	太阳能空气调节系统
Ⅰ资源丰富区	≥60	≥50	≥45
Ⅱ资源较富区	≥50	≥35	≥30
Ⅲ资源一般区	≥40	≥30	≥25
Ⅳ资源贫乏区	≥30	≥25	≥20

Building

相关规范与研究

（1）《公共建筑节能设计标准》GB
50189—2015第7.2.4、第7.2.6条规定，太
阳能集热器和光伏组件的设置应避免受
自身或建筑本体的遮挡。冬至日采光面
上的日照时数，太阳能集热器不应少于
4h，光伏组件不宜少于3h。公共建筑设
置太阳能热利用系统时，太阳能保证率
应符合上表规定。

（2）虞丽丹. 严寒地区空气型光伏
光热墙体系统综合性能研究[D]. 哈尔滨：
哈尔滨工业大学，2015.

设计了空气型光伏光热墙体系统，

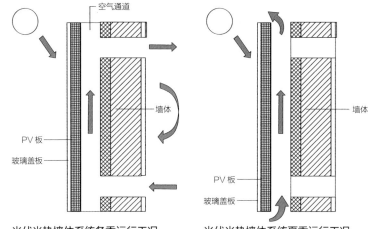

光伏光热墙体系统冬季运行工况   光伏光热墙体系统夏季运行工况

模拟了系统在哈尔滨冬季的运行工况，验证了太阳能设施在严寒地区运行的可行性。

典型案例 丹麦绿色灯塔

（*Christensen&Co Architects*设计作品）

丹麦绿色灯塔积极利用太阳能等可再生资源，
减少建筑对能源的消耗。建筑顶部覆盖45m²的太阳能
电池，为照明、通风、泵等设施的运转提供电力，
有效地利用自然资源。建筑消耗的能源大约有50%来
自于可再生能源，与传统的建造方式相比，可节省
80%的能源消耗。

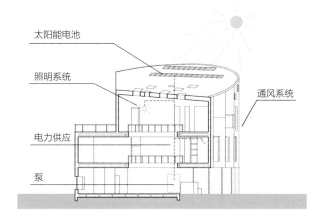

结合屋顶设置太阳能电池

Building

[目的]

通过对透过建筑外围护界面的气候要素进行筛选和控制，调节建筑内部空间对外部气候要素的获取量，维持建筑室内物理环境稳定。

[设计控制]

（1）根据严寒地区建筑在不同季节对自然通风的需求，控制外围护界面进风量，兼顾夏季通风和冬季避风要求。

（2）根据严寒地区建筑外部不同朝向的光照环境，控制外围护界面采光量，兼顾夏季遮阳和冬季采光要求。

[设计要点]

B4-1-2_1 控风

（1）严寒地区建筑外墙洞口设置应兼顾夏季通风和冬季防风，洞口形式应与内部空间功能相适应，进行合理的数量、比例控制，减少大面积连续开窗。

（2）严寒地区应避免冬季冷风直接进入室内，对进入室内的新风需进行加热处理。

（3）严寒地区冬季主导风方向建筑外表面宜平整，避免局部风压增大，压迫冷空气渗入室内。

相关规范与研究

（1）《民用建筑供暖通风与空气调节设计规范》GB 50736—2012第6.2.3条规定，夏季自然通风用的进风口，其下缘距室内地面的高度不应大于1.2m，冬季自然通风用的进风口，其下缘距室内地面高度小于4m时，应采取防止冷风吹向人员活动区的措施。

（2）侯旺. 考虑表面凸起的高层住宅风致舒适度概率模型研究[D]. 哈尔滨：哈尔滨工业大学，2019.

以模型表面凸起程度为变量，进行测量建筑表面平均风压分布情况的风洞试验。结果发现0°和90°风攻角下建筑表面凸起高度对其表面风压的分布影响很小，30°和60°风攻角下影响较大。倾斜来流时，在凸起周围出现了明显的风压突变区域，且随着凸起高度的增加，这种压力突变的趋势会越来越显著，进而影响冷空气渗入室内。

关键措施与指标

进风口高度、有效通风换气面积

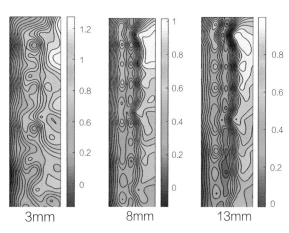

3mm　　8mm　　13mm

30°风攻角下 不同凸起高度A 面平均风压系数分布

典型案例 哈尔滨 华润·欢乐颂

（哈尔滨工业大学建筑设计研究院、上海域达建筑设计咨询有限公司设计作品）

　　哈尔滨 华润·欢乐颂根据严寒地区气候特征及冬季、夏季不同的通风要求，结合*Phoenics*模拟的建筑界面风压数据，控制冬季建筑非迎风面压强差小于5Pa，有效降低冬季风渗透；同时使建筑过渡季迎、背风面的压强差相差大于1.5Pa，配合可手动开启的天窗形成通风廊道，降低夏季空调的使用时长。[1]

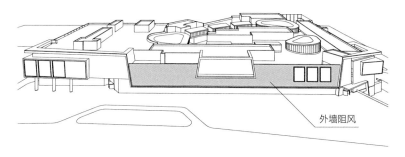

外墙阻风

外墙阻风分析

B4-1-2_2 控光

　　（1）严寒地区外围护界面对自然光的利用应同时兼顾夏季遮阳和冬季采光。

　　（2）严寒地区外围护界面若进行遮阳处理，东西向洞口宜设置活动外遮阳，南向洞口宜设置水平外遮阳，外遮阳装置应兼顾自然通风。

　　（3）根据不同朝向、不同空间的采光需求，宜选用Low-E玻璃等合适的材料及涂层、镀膜、印刷等技术对进入室内的自然光线进行过滤处理。

　　（4）在利用自然采光的同时应注意减少热量损失及避免冷风渗透。

---

① 李玲玲，张文. 严寒地区建筑气候适应性设计研究——以哈尔滨华润·万象汇为例 [J]. 建筑技艺，2020（07）：50-53.

关键措施与指标

传热系数、可见光透射比、遮阳系数

相关规范与研究

赵洋. 基于低能耗目标的严寒地区体育馆建筑设计研究[D]. 哈尔滨：哈尔滨工业大学，2014.

以哈尔滨地区体育馆为例，建立天窗采光的窗面积与窗玻璃透光率的关系图。从图中可以看出随着玻璃透光率的减小，窗户面积随之增大；玻璃透光率越小，窗户面积随节气变化的趋势越明显。因此严寒地区体育馆建筑可适当选择透光率较高的玻璃。

玻璃材料透光率

T1	T2	T3	T4	T5
0.81	0.68	0.54	0.41	0.30

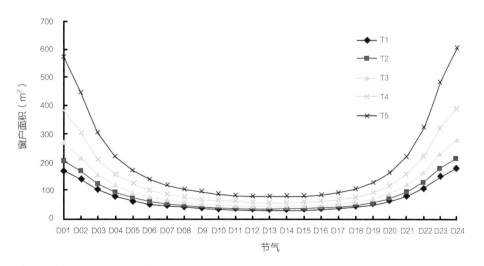

窗面积与窗玻璃透光率相关性图

[目的]

以满足严寒地区建筑室内物理环境需求为目标，优化建筑外围护界面从外界获取气候要素的途径，提高建筑对严寒地区气候条件的适应能力，降低建筑能耗。

[设计控制]

（1）在满足冬季避风的前提下，优化建筑外围护界面通风形式，合理地进行夏季自然通风。

（2）在满足气密性、防眩光要求的前提下，优化建筑外围护界面采光形式，合理地进行自然采光。

[设计要点]

B4-1-3_1 通风

（1）严寒地区建筑外围护界面通风设计应同时兼顾夏季通风和冬季避风需求。

（2）应在保证气密性的前提下选择有利于通风的窗扇开启方式。严寒地区不应采用推拉窗，不宜采用凸窗。

（3）应合理利用风压、热压等通风形式进行被动式自然通风设计，对墙体洞口、通风途径等进行适应和优化。

（4）天窗的可开启扇在夏季和过渡季可以作为通风口，利用风压、热压通风原理实现室内的空气流动，调节室内微气候环境，减少空调和机械设备的使用。

关键措施与指标

有效通风换气面积

相关规范与研究

（1）《公共建筑节能设计标准》GB 50189—2015第3.2.8、3.2.9条规定，单一立面外窗（包括透光幕墙）的有效通风换气面积应符合下列规定：

①甲类公共建筑外窗（包括透光幕墙）应设可开启窗扇，其有效通风换气面积不宜小于所在房间外墙面积的10%；当透光幕墙受条件限制无法设置可开启窗扇时，应设置通风换气装置。

②乙类公共建筑外窗有效通风换气面积不宜小于窗面积的30%。

③外窗（包括透光幕墙）的有效通风换气面积应为开启扇面积和窗开启后的空气流通界面面积的较小值。

（2）李静. 基于系统优化的高校体育馆自然采光和通风节能设计研究[D].

哈尔滨：哈尔滨工业大学，2010.

选取齐齐哈尔地区对严寒地区通风口位置、通风口大小、通风口形式对体育馆通风效果影响进行模拟，得出自然通风优化方案。

室外风环境的速度随高度的增加而增加，水平压力随高度的增加而减少。综合齐齐哈尔室外风场模拟结果，建议自然通风进风口设置在南侧外墙；排风口设置在屋面、北侧外墙或者东侧外墙。综合通风口大小方案1～方案4的模拟结果，齐齐哈尔地区高校体育馆自然通风的通风口宜为南侧进风口面积约30m²，屋面排风口面积约205m²，取消北侧排风口。测试模拟结果表明对通风途径的优化能显著改善严寒地区体育场馆室内通风质量。

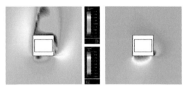

1.5m 风速分布和水平压力分布图

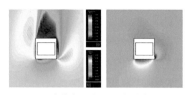

7.5m 风速分布和水平压力分布图

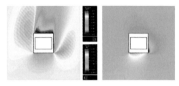

15m 风速分布和水平压力分布图

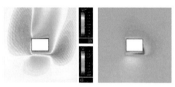

21m 风速分布和水平压力分布图

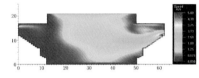

通风口大小方案1剖面风速分布图

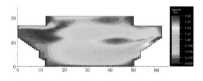

通风口大小方案2剖面风速分布图

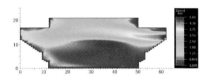

通风口大小方案3剖面风速分布图

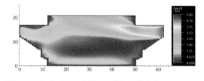

通风口大小方案4剖面风速分布图

典型案例 哈尔滨梦幻乐园

（哈尔滨工业大学建筑设计研究院设计作品）

哈尔滨梦幻乐园将风压和热压相结合，提升夏季的自然通风效率。空间存在的高差为利用热压实现自然通风提供条件。夏季可以通过同时开启位于倾斜玻璃屋面底部和顶部的开启扇实现自然通风。

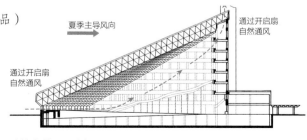

建筑自然通风分析

Building

B4-1-3_2 采光

（1）在控制强直射光产生眩光的前提下，通过天窗引入自然光有利于减少公共区域照明能耗。大进深的室内空间在有条件的情况下宜合理采用天窗采光。

（2）针对严寒地区太阳高度角偏小的情况，水平天窗可优化为斜坡形、拱形和穹顶形；矩形天窗可优化为锯齿形天窗。

（3）严寒地区南向采光条件最好，其次为东向。冬季应合理利用东南向采光，同时考虑冬季主导风向的影响。

（4）适应严寒地区太阳高度角变化，宜在一定程度上提高窗的高度或做成竖向的长条窗，有助于提高房间的照度。

关键措施与指标

窗墙面积比、可见光透射比

相关规范与研究

（1）建筑室内不同功能房间采光情况应符合《建筑采光设计标准》GB 50033—2013中相应采光标准值要求。

（2）《公共建筑节能设计标准》GB 50189—2015第3.2.2、3.2.4、3.2.7条规定，严寒地区甲类公共建筑各单一空间界面洞口面积不宜大于0.60。甲类公共建筑单一立面窗墙面积小于0.40时，透光材料的可见光透射比不应小于0.60；面积大于等于0.40时，透光材料的可见光透射比不应小于0.40。甲类公共建筑的屋顶透光部分面积不应大于屋顶总面积的20%。

（3）赵洋. 基于低能耗目标的严寒地区体育馆建筑设计研究[D]. 哈尔滨：哈尔滨工业大学，2014.

以哈尔滨地区为例，建立严寒地区体育场馆建筑模型，以自然采光开窗位置为设计变量，进行模拟比较，可得出严寒地区体育场馆建筑采光窗位置中，天窗采光效果最好，其次为中侧窗、高侧窗、高低侧窗及低侧窗。验证了严寒地区在一定程度上提高开窗位置有助于提高室内采光质量。

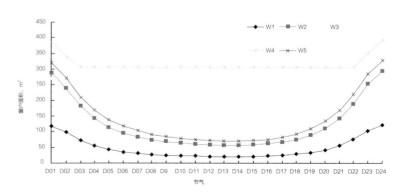

体育馆窗面积与窗位置相关性图

窗户位置及编号

W1	W2	W3	W4	W5
天窗	高侧窗	中侧窗	低侧窗	高低两侧窗

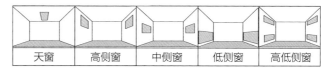

体育馆模拟模型窗位置示意图

（4）李静. 基于系统优化的高校体育馆自然采光和通风节能设计研究. 哈尔滨：哈尔滨工业大学，2010.

以齐齐哈尔地区为例建立模拟模型，研究天窗面积对体育场馆比赛厅采光质量的影响。随着天窗面积与场地面积比值的增大，比赛场地的最小照度、最大照度和平均照度也随之增大；在一定程度上提高天窗面积有利于室内采光。

不同天窗大小的照度均匀度模拟结果

天窗面积与场地面积比值	E_{min}（lx）	E_{max}（lx）	E_{ave}（lx）	U_1	U_2
0.1	68.02	472.92	226.31	0.14	0.30
0.2	156.79	778.82	448.52	0.20	0.35
0.3	260.50	1085.85	671.22	0.24	0.39
0.4	377.28	1405.08	895.32	0.27	0.42
0.5	522.82	1646.53	1145.65	0.32	0.46
0.6	655.35	1800.64	1320.34	0.35	0.50

注：表中E_{min}表示照度最小值，E_{max}照度最大值，E_{ave}照度平均值，U_1和U_2表示平均照度，其中$U_1=E_{min}/E_{max}$，$U_2=E_{min}/E_{ave}$。

（5）张荣冰. 北方寒冷地区公共建筑形体被动式设计研究[D]. 济南：山东建筑大学，2017.

针对严寒地区冬季太阳高度角较低的情况，可通过水平天窗优化为斜坡形、拱形和穹顶形，矩形天窗优化为锯齿形天窗的方法进行改进。

天窗形式

水平天窗	斜坡形天窗	拱形、穹顶天窗	矩形天窗	锯齿形天窗

[目的]

通过对严寒地区外部不利气候要素进行阻隔，降低或避免外界不利气候对建筑室内物理环境产生的影响。

[设计控制]

（1）对外围护界面进行保温隔热处理，减少热量的流失及供暖能耗。

（2）对外围护界面进行气密性处理，减少冷气的渗透及供暖能耗。

（3）对外围护界面及屋面进行防水防冻胀处理，避免水汽渗透及冻胀造成建筑性能降低。

（4）控制室内产生的不舒适眩光，提升建筑室内自然采光效果。

[设计要点]

B4-1-4_1 隔热

（1）严寒地区建筑外围护界面应通过合理的材料选择及构造设计，提高建筑外围护界面的保温、隔热能力。

（2）空间界面材料选择宜选取热惰性材料，以避免气温变化过大对建筑表面的影响。

（3）外围护界面可设置二层皮，形成复合空间或空气夹层，提高保温、隔热作用。

（4）宜通过选用双层或多层玻璃等措施优化门窗玻璃结构，提升玻璃热阻，加强外围护界面保温隔热性能。

（5）宜选择传热系数小的玻璃门窗构件，并优化其截面设计，避免产生热桥。

（6）热桥部位应采取可靠的保温或"断桥"措施。

（7）严寒地区北向、西北向等冬季不利朝向，建筑应采用以实墙为主的建筑界面，严格控制窗墙比。

关键措施与指标

外围护界面传热系数

相关规范与研究

（1）《公共建筑节能设计标准》GB 50189—2015第3.3.1条，依据建筑热工设计的气候分区甲类公共建筑的围护结构热工性能应分别符合下表规定。

严寒A、B区甲类公共建筑围护结构热工性能限值

围护结构部位		体形系数≤0.30	0.30≤体形系数≤0.50
		传热系数	
屋面		≤0.28	≤0.25
外墙（包括非透光幕墙）		≤0.38	≤0.35
单一立面外窗（包括透光幕墙）	窗墙面积比≤0.20	≤2.7	≤2.5
	0.20＜窗墙面积比≤0.30	≤2.5	≤2.3
	0.30＜窗墙面积比≤0.40	≤2.2	≤2.0
	0.40＜窗墙面积比≤0.50	≤1.9	≤1.7
	0.50＜窗墙面积比≤0.60	≤1.6	≤1.4
	0.60＜窗墙面积比≤0.70	≤1.5	≤1.4
	0.70＜窗墙面积比≤0.80	≤1.4	≤1.3
	0.80＜窗墙面积	≤1.3	≤1.2

严寒C区甲类公共建筑围护结构热工性能限值

围护结构部位		体形系数≤0.30	0.30≤体形系数≤0.50
		传热系数	
屋面		≤0.35	≤0.28
外墙（包括非透光幕墙）		≤0.43	≤0.38
单一立面外窗（包括透光幕墙）	窗墙面积比≤0.20	≤2.9	≤2.7
	0.20＜窗墙面积比≤0.30	≤2.6	≤2.4
	0.30＜窗墙面积比≤0.40	≤2.3	≤2.1
	0.40＜窗墙面积比≤0.50	≤2.0	≤1.7
	0.50＜窗墙面积比≤0.60	≤1.7	≤1.5
	0.60＜窗墙面积比≤0.70	≤1.7	≤1.5
	0.70＜窗墙面积比≤0.80	≤1.5	≤1.4
	0.80＜窗墙面积	≤1.4	≤1.3

Building

（2）陈德龙. 严寒地区既有公共建筑外墙改造研究[D]. 哈尔滨：哈尔滨工业大学，2017.

以材料为变量设定四种建筑外墙保温隔热方案，与原有外墙进行能耗对比。改造后节能效果明显，建筑单位能耗值大幅度降低；从年能耗值来衡量改造方案排序为：方案二（粘贴XPS板75mm厚）＞方案一（粘贴EPS板90mm厚）＞方案四（喷涂硬泡PUR65mm厚）＞方案三（PUR板50mm厚）。验证了通过合理的材料选择能有效降低建筑供暖能耗。

（3）冉光焱. 严寒地区既有公共建筑外窗综合性能优化研究[D]. 哈尔滨：哈尔滨工业大学，2017.

通过性能实测绘制折线图获得玻璃层数、腔体传热系数、腔体数量、玻璃层数对外窗传热系数及遮阳系数的影响。通过外窗材料选择、构造优化等措施能有效影响外窗的传热系数，进而提升保温隔热能力。

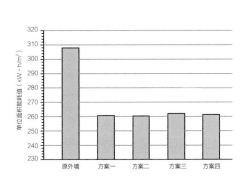

不同保温隔热方案能耗值

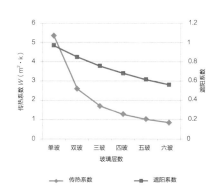

不同玻璃层数传热系数及遮阳系数

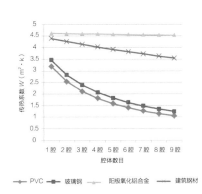

不同数目腔体传热系数

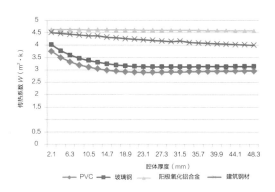

不同厚度的单腔传热系数

B4-1-4_2 隔气

（1）应保证严寒地区建筑外围护界面是连续密封系统，即通过外墙隔气层包裹整栋建筑。

（2）为保证建筑内部热稳定性及整体气密性，外墙开窗形式在条件允许情况下宜采用平开窗。

（3）玻璃与窗框之间需用多层密封条和密封胶进行密封，防止玻璃内部惰性气体外泄，影响玻璃整体性能。

（4）严寒地区建筑在安装气密窗时，室外窗台与窗框交界处可适当加厚水平窗台处抹灰厚度，遮盖窗框与窗台间的交接缝，并用高性能密封条或密封胶进行密封，达到双层保障效果。

（5）为阻挡严寒地区潮气渗入后在保温层中结露，应在安装有保温材料的屋顶中设置隔气层。

关键措施与指标

外门窗气密性能分级

相关规范与研究

（1）《建筑幕墙、门窗通用技术条件》GB/T 31433—2015第5.2.2.1条规定，门窗气密性能以单位缝长空气渗透量q_1或单位面积空气渗透量q_2为分级指标，门窗气密性能分级应符合下表的规定。

（2）《公共建筑节能设计标准》GB 50189—2015第3.3.5条规定，建筑外门、外窗的气密性分级应满足下列要求；

①10层及以上建筑外窗的气密性不应低于7级；

②10层以下建筑外窗的气密性不应低于6级；

③严寒和寒冷地区外门的气密性不应低于4级。

建筑门窗气密性能分级

分级	1	2	3	4	5	6	7	8
分级标准值 q_1/[m³/（m·h）]	$4.0 \geqslant q_1$ >3.5	$3.5 \geqslant q_1$ >3.0	$3.0 \geqslant q_1 >$ 2.5	$2.0 \geqslant q_1$ >1.5	$2.5 \geqslant q_1$ >2.0	$1.5 \geqslant q_1$ >1.0	$1.0 \geqslant q_1$ >0.5	$q_1 \leqslant 0.5$
分级指标值 q_1/[m³/（m·h）]	$12 \geqslant q_2$ >10.5	$10.5 \geqslant q_2 >$ 9.0	$9.0 \geqslant q_2 >$ 7.5	$7.5 \geqslant q_2$ >6.0	$6.0 \geqslant q_2$ >4.5	$4.5 \geqslant q_2$ >3.0	$3.0 \geqslant q_2$ >1.5	$q_2 \leqslant 1.5$

注：第8级应在分级后同时注明具体分级指标。

[3] 彭琛，燕达，周欣. 建筑气密性对供暖能耗的影响[J]. 暖通空调，2010，40（09）：107-111.

通过设立建筑模型，以外窗气密性等级为变量进行供暖能耗模拟统计。在不考虑新风要求的情况下，当外窗的气密性等级从1级提升到8级的时候，哈尔滨地区每年每户的供暖能耗减少近3500kW·h。因此对建筑外围护界面进行合理的气密性处理对减少建筑供暖能耗具有明显效果。

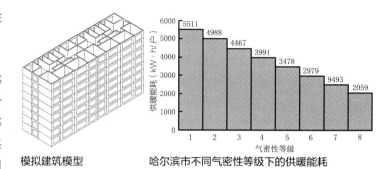

模拟建筑模型　　哈尔滨市不同气密性等级下的供暖能耗

B4-1-4_3 防水（冻胀）

（1）严寒地区外围护界面不应采用吸水性材料。

（2）严寒地区外围护界面施工应尽量减少湿贴工艺，同时对灰浆进行防冻胀处理。

（3）严寒地区建筑屋面不应选择吸水性材料，并做相应防蓄水和防冻胀处理。

（4）严寒地区公共建筑的外墙体设计需通过自身材料性能及合理组合，减少雨雪对墙体的损坏，避免冻胀引起的墙体开裂、剥落等问题。

关键措施与指标

屋面防水材料低温性能、防水卷材涂膜防水等级

相关规范与研究

（1）《黑龙江省建筑防水技术规范》DB23/T 1073—2017第4.2.1条、表4.2.5规定，严寒地区屋面防水材料的低温性能不宜采用高于−30℃的防水材料，应根据严寒各地区历年最高气温、最低气温、屋面坡度和使用条件等因素选择耐热性、低温柔性相适应的防水卷材、防水涂料和密封材料。严寒地区卷材、涂膜防水等级和防水做法宜符合右表规定。

卷材、涂膜防水等级和防水做法

防水等级	防水做法
Ⅰ级	卷材防水层和卷材防水层、复合防水层
Ⅱ级	卷材防水层、涂膜防水层、复合防水层

注：在Ⅰ级防水做法中，防水层仅做单层卷材时，应符合单层防水卷材屋面技术规定。

（2）张廷冬. 严寒地区既有公共建筑屋面改造评价研究[D]. 哈尔滨：哈尔滨工业大学，2017.

严寒地区冬夏温差大，冬季低温所产生的冻融现象对屋面防水工程提出严峻考验。对哈尔滨地区建筑屋面防水状况进行了调研，发现主要存在防水层老化、屋面积水、防水层接缝开裂、泛水处开裂等问题。屋面防水问题的主要影响因素有：接缝的可靠性、防水层的不透水性、屋面平整度和防水构造耐久性。

典型案例 哈尔滨工业大学建筑学院寒地建筑科学实验楼

（哈尔滨工业大学建筑设计研究院设计作品）

哈尔滨工业大学建筑学院寒地科学实验楼在外立面采用了色彩温暖的碳化木，既保证美观又解决了木材防水防冻性能差的问题。碳化木经过 200℃左右的高温与高压对木料进行长时间热解处理，使木材的吸水官能团半纤维素得到重组，因此碳化木较普通木材相比含水率更低，干缩率＜5%，提高了木材的防水抗冻开裂性能。[1]

 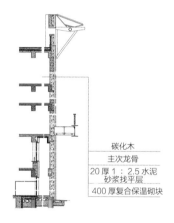

碳化木
主次龙骨
20厚1：2.5水泥砂浆找平层
400厚复合保温砌块

建筑西立面碳化木外墙墙身详图

B4-1-4_4 防眩光

（1）应合理控制窗墙比，防止形成眩光，保证室内自然采光的均匀度。

（2）天窗宜采用南北朝向设置，相邻两天窗中线间的距离不宜大于参考平面至天窗下沿高度的1.5倍，减少强直射光产生的不舒适眩光。

（3）可结合窗洞口设计形成缓冲区域，缓解室内眩光问题。

（4）严寒地区冬季太阳高度角低，照射深度较深，有特殊光线要求的建筑需进行相应防眩光处理。

（5）严寒地区建筑外表皮不宜选择强反射折射性能的材料，减少冬季与积雪共同产生的眩光对城市造成影响。

---

① 梅洪元，王飞，张伟玲，等. 寒地建筑研究中心 [J]. 建筑学报，2015（11）：70-73.

Building

Building

关键措施与指标

　　不舒适眩光指数（DGI）

相关规范与研究

　　（1）《建筑采光设计标准》GB 50033—2013第5.0.3条规定，在采光质量要求较高的场所，宜进行窗的不舒适眩光指数（DGI）计算，且窗的不舒适眩光指数不宜高于右表规定。

　　（2）张荣冰. 北方寒冷地区公共建筑形体被动式设计研究[D]. 济南：山东建筑大学，2017.

　　位于同一建筑墙面的两个瘦长的窗洞相隔较远，或者一排侧窗被墙体隔开时，两窗之间墙体相对应的室内易产生阴影区，室内的采光均匀度有所降低。可结合窗洞口和窗框的外沿，设计带张角的窗洞作为亮度的缓冲地带，缓解室内眩光问题。

　　（3）刘晓宇. 严寒地区建筑玻璃幕墙能量性能研究——以哈尔滨地区为例[D]. 哈尔滨：哈尔滨工业大学，2019.

　　采用*EnergyPlus*软件光学模块对哈尔滨建筑室内光环境进行全年动态模拟，包括全年逐时采光系数、眩光和自然采光变化情况。通过测试、模拟得出玻璃幕墙窗墙比对室内自然采光影响明显。窗墙比越大，靠近玻璃幕墙位置处与内墙位置照度差值越大，近窗口越容易获得过量的自然采光，形成眩光。模拟得出窗墙比为0.6和0.8时，室内自然采光均匀度相对较好。

不舒适眩光指数值DGI

采光等级	眩光指数DGI
I	20
II	23
III	25
IV	27
V	28

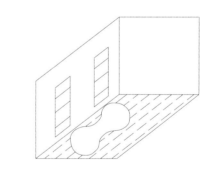

相隔较远的瘦长窗户形成的阴影区

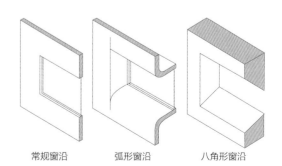

常规窗沿　　　弧形窗沿　　　八角形窗沿

不同窗沿形状示意图

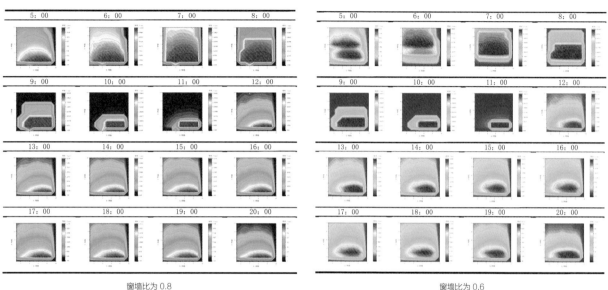

窗墙比为 0.8	窗墙比为 0.6

分时采光模拟结果

典型案例 德国因采尔速滑馆

（*Behnisch Architekten + Pohl Architekten* 建筑事务所设计作品）

德国因采尔速滑馆在桁架结构的基础上采用17
个北向拱形天窗采光架，避开南向高强度的自然
光，降低了阳光的透射率。在10m高的木桁架和钢
桁架之间设置了Low-E拉伸薄膜，利用膜的漫反射
将自然光散射到场馆内部，将强烈的自然光转化为
温和的漫射光，使运动员的视线不与太阳光直接相
对，在避免眩光的同时最大程度地利用了自然光。[1]

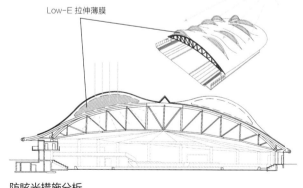

Low-E 拉伸薄膜

防眩光措施分析

① 宋悦，梅洪元.自然采光条件下复杂屋盖形态的体育馆采光口防眩光研究 [J]. 建筑与文化，2021（02）：229-231.

Building

[目的]

提升建筑内空间界面对热量的吸纳、保存能力，提升内空间界面对资源的利用。

[设计控制]

通过内界面对热量的吸收存蓄，增强室内空间热稳定性，减少建筑采暖能耗。

[设计要点]

B4-2-1_1 吸纳

非24小时均匀采暖的空间内界面宜选用热稳定性好、具有蓄热性能的材料。

关键措施与指标

热惰性指标D值，是表征围护结构对周期性温度波在其内部衰减快慢程度的一个无量纲指标，单层结构$D=R \cdot S$；多层结构$D=\sum R \cdot S$。式中R为结构层的热阻，S为相应材料层的蓄热系数，D值愈大，周期性温度波在其内部的衰减愈快，围护结构的热稳定性愈好。

相关规范与研究

王洲. 利用建筑蓄热特性进行供热调节的初步研究[D]. 哈尔滨：哈尔滨工业大学，2016.

影响室温变化的因素主要包括：室外气象条件、建筑物本身的热工特性、建筑物的使用条件和供热系统特性。在综合考虑以上因素的情况下，建立供暖建筑动态热过程物理模型；其中对内界面蓄热产生影响的是q_{so}（内表面吸收的透过窗的太阳辐射热量）、q_{near}（内围护结构外表面与邻室空气的对流换热量）。

以吉林省长春市为测试模拟地点建立三种模拟模型，进行室内热环境模拟。

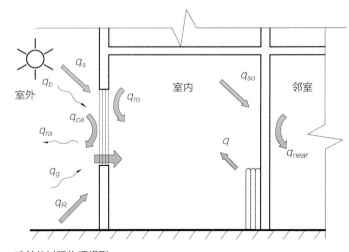

建筑热过程物理模型

其中模型1为非节能构造的老旧建筑，模型2在旧建筑基础上进行节能改造，模型3为新建节能建筑模型。其中，模型2主要对门窗及外墙性能进行改良，模型3在模型2的基础上主要增加了对外墙传热系数以及内空间隔墙蓄热性能的优化。

模型2节能改造建筑围护结构构造

围护结构	构造	传热系数（W/m²·k）
外墙	20mm水泥砂浆内外抹灰、外贴70mm苯板、490mm实心黏土砖	0.45
屋面	两油三毡、20mm水泥砂浆、100mm沥青珍珠岩、20mm水泥砂浆、120mm钢筋混凝土楼板、20mm水泥砂浆	0.55
隔墙	240mm水泥砂浆内外抹灰、240mm空心砖墙	1.73
楼板	20mm水泥砂浆、120mm钢筋混凝土楼板	0.73
地面	50mm细石混凝土（面层）、150mm碎石混凝土（垫层）、夯实素土	/
外窗	双层塑钢窗	2.5

模型3新建节能建筑围护结构构造

围护结构	构造	传热系数（W/m²·k）
外墙	20mm水泥砂浆内外抹灰、240mm空心砖墙、外贴80mm苯板、外抹20mm保温砂浆	0.44
屋面	30mm细石混凝土、10mm隔热防水粉、20mm水泥砂浆找平层、150mm阻燃型苯板、120mm钢筋混凝土楼板	0.35
隔墙	240mm水泥砂浆内外抹灰、240mm空心砖墙	1.73
楼板	20mm水泥砂浆、120mm钢筋混凝土楼板	0.73
地面	50mm细石混凝土（面层）、150mm碎石混凝土（垫层）、夯实素土	/
外窗	双层塑钢窗	2.5

Building

以50℃的供水温度进行供暖，加热至同一温度后停止供暖，待室温降至16℃时重新恢复供暖，选取三种模型底层北向靠山墙的房间，记录三种模拟建筑不同时刻的室内温度变化情况。

模型2与模型3相对模型1室温的下降速度显著减慢；增加了外墙保温及内空间隔墙蓄热的模型3降温时间最长。根据模拟结果得出：内空间界面蓄热可进一步提高非24小时持续供暖的房间热稳定性。

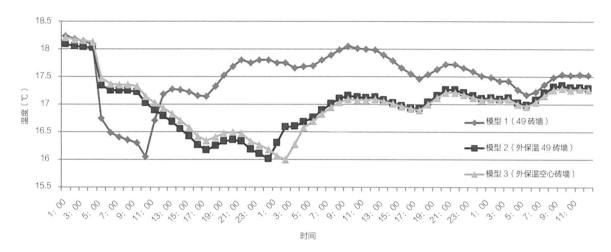

供水温度为50℃时三种类型建筑底层北向靠山墙房间温度的变化比较

典型案例 **丹麦绿色灯塔**
（*Christensen&Co Architects*设计作品）

丹麦绿色灯塔使用热敏地板进行内空间界面蓄热。在丹麦的气候条件下，热敏地板可作为热储存器，冬季将白天的热量储存在地板内，可以使得第二天工作期间不再使用过多的热源来加热建筑，同时带来比空气供热更好的舒适性。

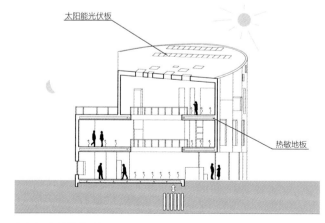

气候适应性措施分析

[目的]

对气候要素在建筑内空间的传导进行筛选和控制，调节气候要素在建筑内部空间的传导量，维持建筑室内物理环境稳定。

[设计控制]

（1）通过控制内界面形式，对进入室内的自然通风进行过滤，控制室内不同区域的风环境。

（2）通过内遮阳等手段，对进入室内的自然光进行过滤，控制室内不同区域的光环境。

[设计要点]

B4-2-2_1 控风

（1）严寒地区建筑入口前庭空间通过打断顶界面连续性，可有效减弱冷风入侵带来的影响。

（2）可对处于迎风面的内空间界面进行表面肌理控制，实现局部风压调节。

相关规范与研究

王太洋，罗鹏，聂雨馨. 基于风环境模拟的东北严寒地区商业建筑入口前庭空间形态研究[J]. 低温建筑技术，2019，41（04）：15-18.

通过对前庭空间内界面进行调研与模拟发现：前庭空间内空间界面的不同形态对于入口风环境的影响不同。结合计算机模型进行模拟，结果显示：在相同面积的情况下，打破顶界面的连续性可有效减弱冷风入侵带来的影响。

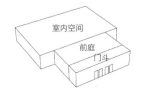

东北严寒地区
商业建筑入口
空间典型模式

入口前庭不同空间形态的风速温度模拟

模拟条件	模拟模型	风速	温度
1.前庭内口宽度大于外口宽度			
2.前庭外口宽度大于内口宽度			
3.前庭高度高于门斗高度			
4.前庭高度低于门斗高度			

Building

B4-2-2_2 控光

（1）可利用建筑内界面材料的折射与反射扩大自然光的覆盖范围，改善局部光照条件和防止眩光。

（2）严寒地区建筑遮阳宜选用以内遮阳为主的遮阳方式，可通过遮阳百叶窗、窗帘、天窗内遮阳等内遮阳设施对进入建筑内部的自然光进行调节。

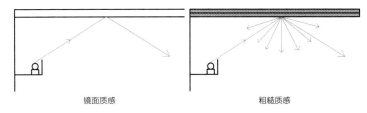

镜面质感　　　　　粗糙质感

不同受光面条件下的光反射

关键措施与指标

可见光反射比

相关规范与研究

崔泽锋. 建筑遮阳方式研究[D]. 哈尔滨：哈尔滨工业大学，2008.

内遮阳设施吸收的太阳辐射，其中大部分以长波辐射的形式再次散射到室内，因此，遮阳效果逊于外遮阳。但严寒地区冬季合理利用内遮阳可在阻挡强直射光及眩光的情况下使室内继续获得太阳辐射，进而减少室内供暖能耗。

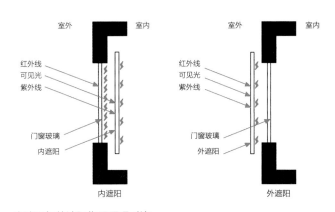

内遮阳与外遮阳作用原理对比

Building

[目的]

对气候要素在建筑内空间的传导进行优化，提升有利气候要素在建筑内部空间之间的传导。

[设计控制]

（1）通过控制内界面的形式、肌理等手段对进入室内的自然风进行传导，提高内部舒适性。

（2）通过控制内界面颜色、材质、透明度等手段，对进入室内的自然光进行传导，提高自然光利用率。

[设计要点]

B4-2-3_1 导风

（1）宜赋予内部空间界面动态的可调节性，满足不同季节气流的通过性要求。

（2）夏季有自然通风需求的房间，可沿通风方向使用光滑、流线型的吊顶和墙体增强室内空气的流动。

相关规范与研究

邱麟. 基于自然通风模拟的严寒地区开放式办公设计研究[D]. 哈尔滨：哈尔滨工业大学，2015.

通过模拟不同室内家具布置方案的气流传导情况，验证内界面隔断要素对气流传导的影响。家具组合与交通走道需沿着通风路径进行布置，形成类似通风管道的空间。工况1与工况2均有沿纵向布置的趋势，且走道贯通，有明显引导气流的作用，方便风的流通。工况3削弱了家具与走道沿某一方向进行的趋势，不具有引导气流的作用，所以形成的空间阻力较大，减低了整个空间的通风效果。

家具与隔断的使用相当于在建筑空间中嵌入了更小体量的空间，这些小体量空间之间的组合与空间内走道设定相结合，在开放式办公空间中形成纵横相错的腔体。腔体布局选择贯通型，有利于开放式办公空间内的自然通风。

各工况家具布置

工况1走道式鱼骨型	工况2广岛式格子型与梳型相结合	工况3广岛式格子型

B4-2-3_2 导光

（1）尽可能减少不必要的内部空间隔断，最大限度利用进入室内的自然光线满足照明需求。

（2）可选用透光性好的界面材质，达到光环境的共用。

（3）内界面可使用反射、折射性能强的材料和表面颜色，提高自然光线在内部空间的传导能力。

关键措施与指标

房间内表面可见光反射比

相关规范与研究

（1）《公共建筑节能设计标准》GB 50189—2015第3.2.13条规定，人员长期停留房间的内表面可见光反射比宜符合右表规定。

（2）赵雯，杨春宇，向奕妍. 建筑饰面材料反射比对视觉空间的影响——以重庆大学教学楼卫生间为例[J]. 灯与照明，2015，000（002）：24-26，32.

以重庆大学B区第二综合楼（简称二综楼）卫生间、重庆大学A区第八教学楼（简称八教楼）卫生间为研究对象，进行模拟计算及问卷调查。其中，二综楼卫生间地面采用亚光、深褐色防滑地砖，墙面采用浅黄色人造大理石瓷砖，顶棚刷白色乳胶漆；八教楼卫生间地面采用亚光、黑色防滑地砖，墙面有镜面、黑白相间亚克力板贴面、棕色釉面砖和深棕色木纹贴面板，顶棚刷白色乳胶漆；两个卫生间均采用10W筒灯照射。调查发现受试者对二综楼卫生间光环境满意度更高。结果说明，在室内装饰材料的运用上多使用颜色浅、反射系数高的室内装饰材料可有效提高室内亮度，进而使灯光的能耗降低，但同时应选用表面漫反射较多的材料，以避免室内出现不舒适眩光。

房间内表面可见光反射比取值

房间内表面位置	可见光反射比
顶棚	0.7 ~ 0.9
墙面	0.5 ~ 0.8
地面	0.3 ~ 0.5

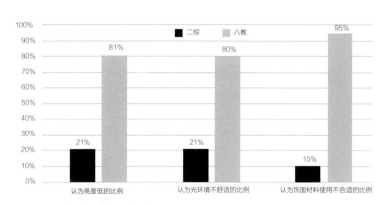

光环境不满意程度条形统计图

B4-2-3_3 导热

（1）在满足功能的前提下宜适当减少内空间界面隔断以形成室内开敞空间，促进室内热环境均匀分布。

（2）采暖需求相同的空间之间隔断可减少隔热处理或选用传热系数大的隔断材料。

部分常见材料导热系数

材料名称	导热系数（W/m·k）	材料名称	导热系数（W/m·k）
钢筋混凝土	1.74	泡沫石膏	0.19
粉煤灰陶粒混凝土	0.44–0.95	胶合板	0.17
加气混凝土	0.1–0.18	软木板	0.058–0.093
水泥砂浆	0.93	纤维板	0.23–0.34
石灰砂浆	0.81	石膏板	0.33
灰砂砖砌体	1.10	花岗岩	1.10
硅酸盐砖砌体	0.87	石灰岩	1.16
黏土空心砖砌体	0.44	大理石	2.91
模数空心砖砌体	0.46	沥青混凝土	1.05
矿棉板	0.050	平板玻璃	0.76
岩棉板	0.044	玻璃钢	0.52
聚乙烯泡沫塑料	0.047	建筑钢材	58.2

关键措施与指标

内空间界面材料导热系数

相关规范与研究

内空间界面选材应注意材料的导热性能。《民用建筑热工设计规范》GB 50176—2016附录B.1提供了常见建筑材料热物理性能参数。

Building

[目的]

　　对气候要素在建筑内空间的传导进行阻隔，降低或避免建筑内部不同物理性能房间之间的相互影响。

[设计控制]

　　（1）对不同温度需求的空间进行保温隔热处理，减少热量的流失及供暖能耗。

　　（2）对不同温度需求的空间进行气密性处理，减少冷气的渗透及供暖能耗。

[设计要点]

B4-2-4_1　隔热

　　（1）采暖需求不同的空间之间的隔断应选用低传热系数材料或进行保温隔热处理，防止热量流失。

　　（2）严寒地区建筑楼板界面应进行合理的保温隔热处理。

关键措施与指标

　　传热系数

相关规范与研究

　　（1）《公共建筑节能设计标准》GB 50189—2015中表3.3.1规定，严寒地区A、B区甲类公共建筑非采暖楼梯间与采暖房间之间的隔墙传热系数应≤1.2，严寒地区C区甲类公共建筑非采暖楼梯间与采暖房间之间的隔墙传热系数应≤1.5。

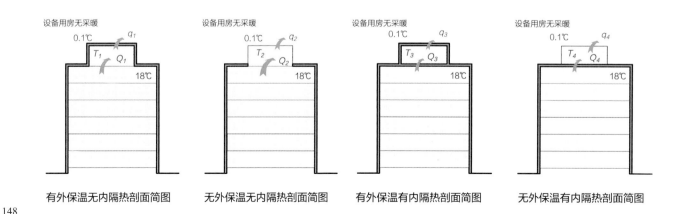

有外保温无内隔热剖面简图　　无外保温无内隔热剖面简图　　有外保温有内隔热剖面简图　　无外保温有内隔热剖面简图

（2）李凌云，张宝刚，赵建生. 非采暖空间节能设计研究[J]. 建筑节能，2015，000（010）：55-57.

以屋顶非采暖设备用房的保温隔热形式为变量建立模型并进行能耗模拟，验证采暖需求不同的空间之间的楼板等空间界面做保温隔热处理的重要性。当设备用房外设保温隔热处理，与采暖房间之间楼板无保温隔热处理，建筑围护结构总传热量q_{i1}=37235W，建筑物耗热量指标14.15W/m²。当设备用房外无保温隔热处理，与采暖房间之间楼板无保温隔热处理，建筑围护结构总传热量q_{i2}=41743W，建筑物耗热量指标15.6W/m²。当设备用房外设保温隔热处理，与采暖房间之间楼板设保温隔热处理，建筑围护结构总传热量q_{i3}=36137.1W，建筑物耗热量指标13.805W/m²。当设备用房外无保温隔热处理，与采暖房间之间楼板设保温隔热处理，建筑围护结构总传热量q_{i4}=36549.46W，建筑物耗热量指标13.938W/m²。

根据测试结果得出：设备用房外设保温隔热处理，与采暖房间之间楼板设保温隔热处理的模型建筑围护结构总传热量最低，建筑能耗最低。

B4-2-4_2 隔气

（1）在气密性处理上应对采暖需求不同的空间进行严格区分。

（2）室内门窗洞口宜做相应气密性处理。

（3）设备管道穿越房间时，宜对管道与洞口的间隙做严格的气密性处理。

关键措施与指标

内门窗气密性能分级

相关规范与研究

（1）《近零能耗建筑技术标准》GB/T 51350—2019第6.1.4条规定，严寒地区近零能耗建筑分隔供暖空间与非供暖空间的户门气密性性能不宜低于6级。

（2）段飞，乔刚. 被动式超低能耗建筑气密性设计研究[J]. 建材与装饰，2018（51）：68-69.

管道穿楼板时，管道壁外侧先用岩棉包裹一层保温层，并分别用混合砂浆将两侧洞口抹平，注意抹灰的连续性，再粘结密封胶带。需要注意的是，保温层与楼板之间的缝隙用岩棉填实，保证气密性。

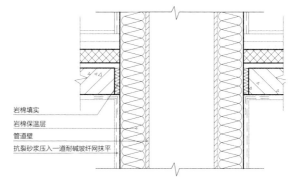

岩棉填实
岩棉保温层
管道壁
抗裂砂浆压入一道耐碱玻纤网抹平

穿楼板管道构造示意

T 技术协同
Technology

　　技术协同部分，内容聚焦严寒地区公共建筑技术协同，通过借鉴国内外严寒气候下公共建筑的节能技术标准及实施指南，运用图解方式分析严寒地区实地调研案例，直观且深层地剖析其技术设计手段，从中总结归纳出针对我国严寒地区绿色公共建筑技术设计的具体手法。

　　T1技术选择，本部分介绍了严寒地区公共建筑结构和设备专业的绿色建筑技术要点，包括结构协同、设备空间集约化、可再生能源利用、水资源优化利用、高性能设备利用等，有利于建筑师全面了解严寒地区公共建筑重点绿色技术的原理和协同需求。

　　T2施工调试，本部分介绍了严寒地区公共建筑施工和竣工调试阶段的绿色技术要求，包括协同施工技术、绿色施工管理、建筑围护系统调试和机电系统调试等；有利于建筑师全面了解严寒地区公共建筑绿色建造和调试过程。

　　T3运维测试与后评价，本部分介绍了严寒地区绿色公共建筑运维测试阶段与后评价的技术要点，包括建筑能耗监测、环境长期监测、模拟软件选择、模拟软件参数设置、热环境满意度调查统计等，有利于建筑师全面了解严寒地区绿色公共建筑全生命周期中的运维测试及后评估过程。

[目的]

在保证严寒地区气候的建筑空间形体合理，空间界面适宜的基础上，合理选用具有高强度、高耐久的建筑结构材料，确保建筑结构的承载力和使用功能的安全耐久，满足建筑长期使用要求。

[设计控制]

严寒地区冬季漫长，气温低，建筑结构材料受低温影响严重，采用强度高、耐久性好的结构材料以增强建筑安全性与延长建筑使用寿命。

[设计要点]

T1-1-1_1 选用高强度结构材料

严寒地区可施工时间短，应优先选用高性能结构材料，增加结构强度，减少材料用量，缩短施工时间：

（1）混凝土结构中梁、柱纵向受力普通钢筋应采用不低于400MPa级的热轧带肋钢筋。

（2）高层建筑墙柱构件混凝土强度宜不低于C50，多层建筑混凝土竖向承重结构采用的高强混凝土强度等级可降至C40。

（3）高层钢结构和大跨度钢结构主要抗侧力构件所用钢材应具有与其工作温度相应的冲击韧性合格保证。

（4）采用混合结构与组合结构时，宜考虑混凝土、钢的组合作用，优化结构设计。

（5）对于有强度控制的结构构件，宜优先选用高强度混凝土与高强钢材。

关键措施与指标

《黑龙江省绿色建筑评价标准》DB23/T 1642—2020规定，对建筑结构材料选用可按下列规则分别评分并累计，评价总分值为10分。

（1）混凝土结构选用：400MPa级及以上强度等级钢筋应用比例达到50%，得3分；达到70%，得4分；达到85%，得5分。高层建筑混凝土竖向承重结构采用强度等级不小于C50混凝土用量占竖向承重结构中混凝土总量的比例达到30%，得3分；达到40%，得4分；达到50%，得5分。多层建筑混凝土竖向承重结构采用强度等级不小于C40混凝土，得2分。

（2）钢结构选用：Q355及以上高强钢材用量占钢材总量的比例达到50%，得3分；达到70%，得4分。螺栓连接等非现场焊接节点占现场全部连接、拼接节点的数量比例达到30%，得3分；达到50%，得4分。采用施工时免支撑的楼屋面板，得2分。

（3）混合结构与组合结构选用：对其混凝土结构部分、钢结构部分，分别按本条第1款、第2款进行评价，得分取各项得分的平均值。

相关规范与研究

　　《黑龙江省绿色建筑评价标准》DB23/T 1642—2020第7.2.15条规定，合理选用高强度建筑结构材料，可减少材料用量以减轻结构自重，并可减小地震作用及地基基础的材料消耗。其中，高强度钢筋包括400MPa级及以上受力普通钢筋，高强混凝土包括C50及以上混凝土。对于多层建筑，考虑其竖向承重构件承担的荷载相对较小，对其竖向承重结构采用的高强混凝土强度等级降至C40。高强度钢材包括现行国家标准《钢结构设计标准》GB 50017—2017规定的Q355级以上高强度钢材。采用混合结构与组合结构时，考虑混凝土、钢的组合作用，优化结构设计，可达到较好的节材效果。

典型案例 · 哈尔滨华润·欢乐颂

　　（哈尔滨工业大学建筑设计研究院、上海域达建筑设计咨询有限公司设计作品）

　　项目根据严寒地区气候特征，在结构设计中，对混凝土标号、钢筋级别、含钢量等建筑结构材料的选择，在满足结构设计标准的基础上，符合《黑龙江省绿色建筑评价标准》DB23/T 1642—2020。

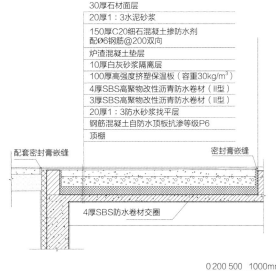

30厚石材面层
20厚1：3水泥砂浆
150厚C20细石混凝土掺防水剂 配Ø6钢筋@200双向
炉渣混凝土垫层
10厚白灰砂浆隔离层
100厚高强度挤塑保温板（容重30kg/m³）
4厚SBS高聚物改性沥青防水卷材（Ⅱ型）
3厚SBS高聚物改性沥青防水卷材（Ⅱ型）
20厚1：3防水砂浆找平层
钢筋混凝土自防水顶板抗渗等级P6
顶棚

配套密封膏嵌缝　　　密封膏嵌缝

4厚SBS防水卷材交圈

0 200 500　1000mm

墙体剖面示意

Technology

T1-1-1_2 采用高耐久结构材料

严寒地区季节性温差变化大，冬季气候环境恶劣，应优先选用耐久性强、防冻胀性能好的结构材料：

（1）对于混凝土构件，宜提高钢筋保护层厚度或采用高耐久性混凝土。

（2）对于钢构件：主要承重构件所用较厚板材宜选用高性能建筑用钢板，其材质和材料性能应符合现行国家标准《建筑结构用钢板》GB/T 19879—2015的规定。外露承重结构可选用Q235NH、Q355NH或Q415NH等符合现行国家标准《耐候结构钢》GB/T 4171—2008规定的焊接耐候钢及耐候型防腐涂料。

（3）对于木构件，宜采用防腐木材、耐久木材或耐久木制品。

（4）对于砌体构件，宜采用抗冻性能好的块体。

（5）对于暴露在室外的建筑结构，宜选用热稳定性能好、抵抗温度变形能力强的建筑材料。

（6）针对胶凝材料中的水泥，在严寒地区特别是冻融环境下，应优先选用普通硅酸盐水泥（≥42.5级），不宜使用混合材料掺量过多的水泥。

关键措施与指标

（1）混凝土耐久性能计算指标：包括抗冻融性能、抗渗性能、抗硫酸盐侵蚀性能、抗氯离子渗透性能、抗碳化性能及早期抗裂性能等。

（2）耐候结构钢与耐候型防腐涂料：耐候结构钢是指符合现行国家标准《耐候结构钢》GB/T 4171—2008要求的钢材；耐候型防腐涂料是指符合现行行业标准《建筑用钢结构防腐涂料》JG/T 224—2007的Ⅱ型面漆和长效型底漆。

（3）结构木材材质：多高层木结构建筑采用的结构木材材质等级应符合现行国家标准《木结构设计标准》GB 50005—2017的有关规定。

（4）抗冻性能好的砌筑块体材料：是指抗冻指标高于现行国家标准《墙体材料应用统一技术规范》GB 50574—2010有关规定20%的砌筑块体材料。

相关规范与研究

《黑龙江省绿色建筑评价标准》DB23/T 1642—2020第4.1.2条规定，满足建筑长期使用要求的首要条件即建筑结构承载力和建筑使用功能的安全与耐久程度。建筑运行期内还可能出现地基不均匀沉降、使用环境影响导致的钢材锈蚀等影响结构安全的问题，使用高耐久的结构材料能够满足建筑在规定的使用年限内保持结构构件承载力和使用功能的要求，同时兼顾建筑外观维持。

Technology

典型案例 哈尔滨华润·欢乐颂

（哈尔滨工业大学建筑设计研究院、上海域达建筑设计咨询有限公司设计作品）

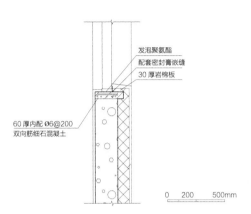

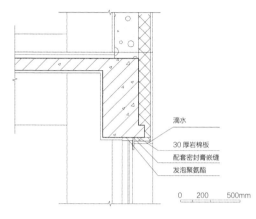

窗口节点材料使用情况示意1　　　　　　　窗口节点材料使用情况示意2

哈尔滨远大购物广场

（哈尔滨工业大学建筑设计研究院设计作品）

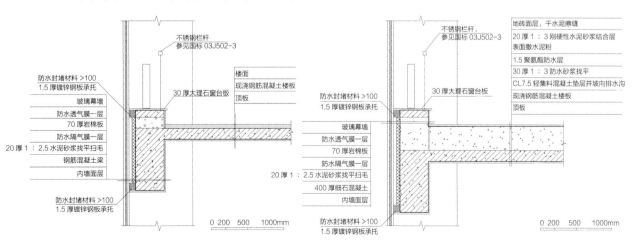

墙身剖面示意1　　　　　　　墙身剖面示意2

以上典型案例结合严寒地区恶劣的气候条件，在结构设计中，选择耐腐蚀、抗老化、耐久性能好的结构材料。

Technology

[目的]

　　我国严寒地区冬季寒冷且降雪量较大，选取具有适度坡度和构造方式的建筑屋顶形式抵御风雪，采用安全稳定并满足绿色节能等工业化建造要求的建筑结构，能够使建筑更加适应当地的自然环境条件。

[设计控制]

　　在我国严寒地区的原生寒地自然环境中，利用重力被动排雪的屋面形式和性能良好并兼顾节能环保的结构，是建筑介入自然环境并适应冰雪环境的结构形式的首选。

[设计要点]

`T1-1-2-1` 满足自排雪的屋顶坡度

　　（1）结构选型应在保证结构力学性能合理的同时宜考虑屋面排雪、避免冷风吹袭；当屋顶为坡面时，宜采用不小于30°的适度坡度和构造方式，保证基本的自排雪功能并兼顾安全。

　　（2）应尽量减少屋面高差变化与复杂程度，针对坡屋面宜采用简洁的屋面形式。

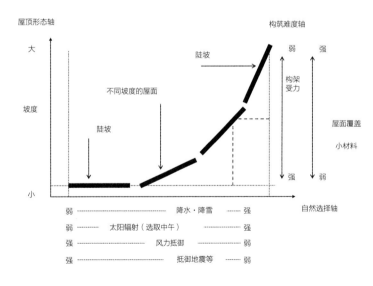

屋顶形态生成中的主要环境因素

来源：余亮. 传统民居屋顶形态生成的自然选择作用与影响探究[J].建筑师，2015（03）：68.

主要外界自然要素对建筑围合体块的强度影响比较

围合体块 各种 自然要素	墙面	顶面		地面
		坡顶	平顶	
辐射	▽	○	●	▽
降水	▽	○	●	▽
雪	▽	○	●	▽
风	●	○	▽	▽
温度变化	▽	●	●	▽
震动	○	●	●	○
……				

注：●影响大；○减缓；▽影响小。

Technology

关键措施与指标

　　屋面坡度：屋面为坡屋面时，建议坡度不小于30°；屋面为曲面屋面时，其屋面边缘切线的水平夹角应不小于60°，当其为椭圆曲面时，顶部弧度不宜过小。

相关规范与研究

　　梁斌. 基于可持续思想的寒地建筑应变设计策略研究[D]. 哈尔滨：哈尔滨工业大学，2015：74-77.

　　降雪和降水对屋顶的影响较大，对坡屋顶的影响小于平屋顶，特别是在降雪量大的地区，屋顶坡度越大越利于排雪。风力对坡屋顶的影响也大于平屋顶，当坡屋顶坡度增加时，受到的风压力也随之增加。随着屋顶坡度的增大，建筑造价随之提高，建筑对于风力和地震的抵御能力也会减弱，同时易在以传统小材料覆盖的屋顶形式中引发滑落危险。过于复杂的高低变化坡屋面形式不仅会形成多个保温薄弱部位，还易造成多个积雪死角使积雪难以排除，导致保温性能降低甚至雨水渗透。

典型案例　大庆市奥林匹克中心速滑馆

　　（哈尔滨工业大学建筑设计研究院设计作品）

　　建筑主体采用壳体结构，形成连续顺滑的曲线，控制屋面角度，有利于排雪。

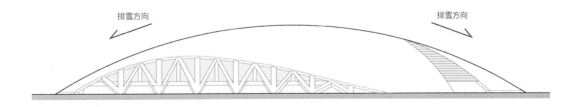

0　10000　25000　　50000mm

具备自排雪屋顶的建筑屋顶形式示意

Technology

157

（1）应采用符合工业化建造要求的结构体系与建筑构件，主体结构宜采用钢结构、木结构、组合结构及装配式混凝土结构。

（2）在高层和大跨度结构中，应根据受力特点合理采用钢结构与综合性能较强的钢和混凝土组合结构。

（3）结构选型宜选择成熟、稳定、便于施工的结构体系。

（4）结构选型应有利于减少建筑体量，减少结构高度。

（5）中庭或大跨度建筑有屋顶采光需求的屋面结构选型宜选用轻型结构。

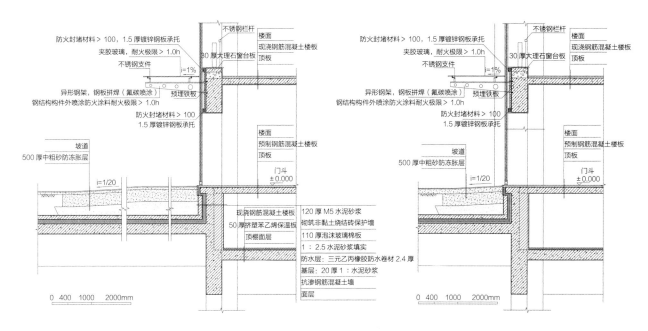

哈尔滨华润·欢乐颂A区A-A墙身示意　　　　　　　哈尔滨华润·欢乐颂A区B-B墙身示意

Technology

关键措施与指标

建筑结构设计：应满足承载能力极限状态计算和正常使用极限状态验算的要求，并应符合国家现行相关标准的规定，包括但不限于《建筑结构可靠性设计统一标准》GB 50068—2018、《建筑结构荷载规范》GB 50009—2012、《混凝土结构设计规范》（2015年版）GB 50010—2010、《钢结构设计标准》GB 50017—2017、《砌体结构设计规范》GB 50003—2011、《木结构设计标准》GB 50005—2017及《高层建筑混凝土结构技术规程》JGJ 3—2010等。

相关规范与研究

《黑龙江省绿色建筑评价标准》DB23/T 1642—2020第9.2.5条规定，采用钢结构、木结构、组合结构及装配式混凝土结构不仅能够提高建筑质量，同时还符合减少人工、减少消耗、提高效率的工业化建造要求。

典型案例　哈尔滨华润·欢乐颂

（哈尔滨工业大学建筑设计研究院、上海域达建筑设计咨询有限公司设计作品）

哈尔滨华润·欢乐颂定位为商业中心，为多层建筑。项目着重对结构体系进行优化，以达到节材效果。

哈尔滨华润·欢乐颂项目工程概况

建筑名称	哈尔滨华润·欢乐颂		
建设地点	黑龙江省哈尔滨市松北区核心区域		
建筑性质	多层大型商业综合体		
建筑规模	总建筑面积：161500m²（含二期），占地面积：31500m²		
建筑层数	地下2层，地上3层，局部4层，室内外高差0.02～0.3m		
建筑总高度	24.0m		
建筑功能布局	地下二层平时为机动车库及设备用房，战时为人防地下室，地下一层为下沉广场超市及设备用房，一层到三层为商业综合体。		
结构类型	框架结构		
设计使用年限	50年（《建筑结构可靠度设计统一标准》GB 50068—2018）		
抗震设防烈度	6度 类别：丙类（《建筑抗震设防分类标准》GB 50223—2008）		
耐火等级	一级	复杂程度等级	一级
建筑体形系数	0.11		

[目的]

严寒地区公共建筑结构及屋面的承重构件设计应考虑积雪分布的影响，合理选用高性能构件，加强与提高建筑构件的连接性和刚度。

[设计控制]

严寒地区建筑受冬季积雪影响，结构及屋面承重构件应满足雪荷载要求，对于不同建筑结构，调整并优化构件体系，合理选用高性能构件以满足建筑安全需求。

[设计要点]

T1-1-3_1 满足雪荷载要求

（1）按照《建筑结构荷载规范》GB 50009—2012规定，严寒地区建筑结构雪压应符合下列要求：基本建筑结构采用50年重现期的雪压；对雪荷载敏感的结构采用100年重现期的雪压。

（2）在严寒地区积雪分布影响下，建筑结构及屋面的承重构件的设计应符合以下情况：屋面板和檩条应按积雪不均匀分布的最不利情况采用；屋架和拱壳应分别按全跨积雪的均匀分布、不均匀分布和半跨积雪的均匀分布的最不利情况采用；框架和柱可按全跨积雪的均匀分布情况采用。

（3）大跨度结构边缘构件应有利于屋面排雪，避免冰凌的产生。

关键措施与指标

（1）基本雪压：指空旷平坦地面上单位面积上的积雪自重，应按我国《建筑结构荷载规范》GB 50009—2012规定的方法确定。

（2）屋面积雪分布系数：应根据不同类别的屋面形式来确定。

相关规范与研究

根据《建筑结构荷载规范》GB 50009—2012附录E相关内容选取基本雪压值；当城市或建设地点的基本雪压值在规范中没有给出时，基本雪压值应按附录E规定的方法，根据当地年最大雪压或资料，按基本雪压定义通过统计分析确定。

T1-1-3_2 优化与选用高性能构件

（1）对于由变形控制的结构与构件，应首先调整并优化结构体系、平面布局及加强构件连接性，提高整体结构及构件的刚度。

（2）在高层和大跨度结构中，合理采用钢与混凝土组合构件。

（3）钢—混凝土楼面，宜合理利用组合作用，优化钢梁结构断面。

（4）在有采光要求的建筑空间结构构件宜尽量减小尺寸，合理组织构件布置方式，减少对自然采光遮挡的同时，利于遮阳设施的布置和安装。

（5）宜优化结构构件的布置和尺寸，减少冷桥的产生。

（6）宜通过空间优化减少室外结构构件，避免结构构件与外界直接接触，减少结构构件与其他构件的穿插，以提高结构构件耐久性。

关键措施与指标

高性能构件材料：高耐久混凝土抗冻融性能、抗碳化性能及早期抗裂性能等耐久性指标的检测与试验应按现行国家标准《普通混凝土长期性能和耐久性能试验方法标准》GB/T 50082—2009的规定执行，测试结果应按现行行业标准《混凝土耐久性检验评定标准》JGJ/T 193—2009的规定进行性能等级划分；耐候结构钢是指符合现行国家标准《耐候结构钢》GB/T 4171—2008要求的钢材。

相关规范与研究

（1）《建筑结构可靠性设计统一标准》GB 50068—2018第5.1.1条规定，建筑结构设计时，应考虑结构上可能出现的各种直接作用、间接作用和环境影响。

（2）《黑龙江省绿色建筑评价标准》DB23/T 1642—2020第4.1.2条规定，选取高性能构件以满足建筑安全要求，对于材料的选择应符合现行国家标准《混凝土结构设计规范》GB 50010—2010、《钢结构设计标准》GB 50017—2017、《高层建筑混凝土结构技术规程》JGJ 3—2010等。

典型案例　哈尔滨远大购物广场

（哈尔滨工业大学建筑设计研究院设计作品）

结合严寒地区的气候特征，对结构构件进行处理，避免发生冻胀等破坏，保证建筑的安全、美观和使用效果。

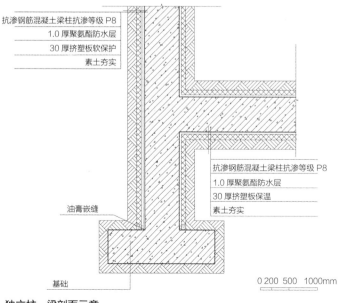

抗渗钢筋混凝土梁柱抗渗等级 P8
1.0 厚聚氨酯防水层
30 厚挤塑板软保护
素土夯实

抗渗钢筋混凝土梁柱抗渗等级 P8
1.0 厚聚氨酯防水层
30 厚挤塑板保温
素土夯实

油膏嵌缝

基础

0 200 500 1000mm

独立柱、梁剖面示意

Technology

[目的]

建筑机房、管网等空间应通过集约化地统筹设计安排，与建筑外部和内部空间有机结合，以达到占地空间最小化、设备支架承载最轻化、设备使用效能供应最大化，并利于设备长期使用与维护。在严寒地区尤其需要注重照明、供暖等建筑设备的集约化布置。

[设计控制]

严寒地区设备协同设计应该贯穿于整个建筑形体与空间设计的过程，采用与建筑功能和空间变化相适应的设备设施布置方式。在建筑适应寒冷气候环境下确保设备机房存放的安全性，使建筑内部空间兼具舒适性和美观性，尽可能地合理优化设备及设备管网布置，降低占据空间；采取有效措施避免管网漏损，延长使用年限；并根据机房位置设定，通过协调管理部门、设计师和相关厂商的多方面需求，合理设置机房的覆盖面积。

[设计要点]

T1-2-1 1 机房布置

（1）建筑群的每栋公共建筑及其冷、热源站房，必须设置冷、热量计量装置。采用区域性冷源或热源时，在每栋建筑的入口处，应设置冷量或热量计量装置；公共建筑内部归属不同使用单位的各部分，宜分别设置冷量和热量计量装置；锅炉房和热力站的一、二次水总管上，应设置计量总供热量的热量表。

（2）设备层的净高应根据设备和管线安装检修标准确定，单一功能的设备层高度以能布置各种设备和管道为准，且不能忽视设备基础对层高的影响。

（3）制冷机房、换热站房、锅炉房等机房布置。小型的制冷机房通常附设在主体建筑的地下室或建筑物的底层，规模较大的制冷机房，特别是氨制冷机房，需单独建造；换热站选址尽量设在供热建筑的热负荷中心位置，建设地上独立换热站，其中与居民建筑物外表面间距不低于10m，且不允许设地下换热站；燃油或燃气锅炉房宜设置在建筑外的专用房间内，当锅炉房受条件限制确需贴邻民用建筑时，专用房间的耐火等级不得低于二级，与所贴邻的建筑采用防火墙分隔，且不得贴邻人员密集场所。

T1-2-1 2 机房面积

（1）对于机房空间设计，需要考虑设备系统总体造价、能耗、空间使用效率，设计时根据建筑类型、高度以及所处地域特点，首先考虑大型设备及其设备空间的布局。按照设备空间占公共建筑总面积比例估算，制冷机房面积0.5%～1%，换热站面积0.3%～0.5%，锅炉房面积1%，空调机房面积4%～6%，严寒地区的建筑中，宜适度增加供暖设备机房面积。

（2）地下车库排烟、排风兼排烟系统也应设置通风机房，根据通风面积宜1000~1500m²设置一个系统，一个系统设置风机一台，机房尺寸以3m×4m为宜；排烟竖井面积为竖井面积所负担面积的0.1%，地面百叶的面积为所负担面积的0.3%，进风百叶面积为防火分区面积的0.15%，严寒地区地下通风机房还需考虑严寒气候下供暖、防寒、防爆等因素。

关键措施与指标

机房布置：

（1）在满足设备运营、存储、维护、使用、检修过程安全的情况下，机房空间的布置相对较为灵活，可以根据场地的优势与特征进行优化布置。

（2）对于严寒地区内较大体量的公共建筑，机房布置相对分散时较利于总体供暖、照明、散热等能耗的降低，以及整体使用舒适度的提升。

相关规范与研究

（1）卓刚. 关于高层建筑设备用房设计的思考[J]. 新建筑. 2014（06）：92.

严寒地区高层建筑设备用房优化设计，结合设备布置、设备用房分区和防火分区、机房空间模式和竖井布局方式、机房与地下车库关系，以及建筑和结构、给水排水、电气、采暖通风与空调等专业的设计配合等方面，优化建筑设备用房设计。

（2）《车库建筑设计规范》JGJ 100—2015第7.3.1条规定，严寒地区机动车库内应设集中采暖系统，非机动车库内宜设采暖设施。

典型案例　哈尔滨杉杉商业综合体一期工程

（哈尔滨工业大学建筑设计研究院、NONSCALE设计事务所设计作品）

项目充分利用建筑空间和结构潜力，使设备设施布置方式适应建筑功能和空间变化，以提升建筑空间可变性与适应性，满足使用者需求。

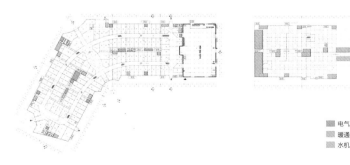

电气机房
暖通机房
水机房

一层（左）和地下一层（右）机房布置平面分析

Technology

[目的]

严寒地区工程管线的合理敷设有利于环境的美观及空间的合理利用，并保证建筑区域内的人员设施及工程管线自身的安全，减少对人们日常出行和生活的干扰。综合考虑严寒地区气候条件的限制与材料自身条件的基础上，应选择经济合理的管线设计方案与敷设方式，确保满足建筑长期使用的要求。

[设计控制]

严寒地区土壤多处于冰冻状态，管线覆土深度与绝热厚度受低温影响严重，依据土壤性质和地面承受荷载的大小等选择适宜厚度的管线材料可增加建筑的安全性并延长建筑使用寿命。

[设计要点]

T1-2-2-1 依据环境条件敷设管线

（1）严寒地区给水、排水再生水、直埋电力及湿燃气等工程管线应根据土壤冰冻深度确定管线覆土深度。

（2）严寒地区非直埋电力、通信、热力及干燃气等工程管线应根据水文及地质条件和地面承受荷载的大小确定管线的覆土深度。

（3）严寒地区设计一、二次热水管网时，应采用经济合理的敷设方式。

（4）对于庭院管网和二次网，在水文及地质条件允许，并满足维护需要的情况下，宜采用直埋管敷设。

（5）对于一次管网，综合考虑管径、水文及地质条件、维护需要等因素，可采用地沟敷设。

（6）严寒地区建筑内水暖主管道井应上下直通，避免设置在筒体内，以减少管线连接长度和与其他管线交叉机会，减少管道穿筒体的预埋工作量。

（7）管道井数量和间距应合理设置，为控制管井数量和大小，与建筑物各层相关程度较小的管道可不进入管道井。

关键措施与指标

（1）管线覆土深度：应根据管线类型与性质确定。

（2）管线敷设方式：应根据管线敷设位置与周围环境选择对应的敷设方式。

（3）管道井尺寸：应按照管道数量、管径、间距等确定。

（4）管道与设备保温及保冷厚度：根据《黑龙江省公共建筑节能设计标准》DB23/T 2706—2020，对于管道与设备保温及保冷厚度，应按照现行国家标准和本标准中附录G的各表要求计算和选用。

相关规范与研究

《室外排水设计规范》GB 50014—2006（2016年版）第4.3.8条规定，一般情况下，排水管道宜埋设在冰冻线以下。当该地区或条件相似地区有浅埋经验或采取相应措施时，也可埋设在冰冻线以上，其浅埋数值应根据该地区经验确定，但应保证排水管道安全运行。

[目的]

为降低因采用传统的燃煤而带来的高能耗问题，提出比较适宜在东北严寒地区建造的太阳能一体化设计方案，减少对自然环境与能源造成的负面影响。

[设计控制]

严寒地区太阳能建筑应主要考虑保温隔热问题，主要解决因冬季采暖时间长，造成的外围护结构耗热量大和不可控的建筑散热等损失。

[设计要点]

T1-3-1-1 太阳能—相变墙系统

（1）太阳能—相变墙系统应采用横置真空管集热器结合双蛇形盘管方式进行布置。

（2）太阳能集热器系统的集热器，可采用横置方式，布置在光照充足的屋面上。

（3）建议在循环水中添加乙二醇作为防冻液，降低冰冻风险。

（4）严寒地区太阳能—相变墙体的最佳布置方式为"DN25，0.3m/s，37℃"。

（5）相邻的太阳能集热器间应采用混联的方式连接，并且在连接管上设置阀门控制水流方向，联箱内部和连接管均设置保温层。

（6）各个联箱及太阳能集热管应通过固定支架固定在屋面上，固定支架通过螺栓固定在铝合金框架上。

（7）应根据工程所采用的集热器性能参数、气象数据以及设计参数计算太阳能热利用系统的集热系统效率η，且宜符合下表的规定。

太阳能保证率/（%）

太阳能热水系统	太阳能供暖系统	太阳能空气调节系统
≥40	≥30	≥25

来源：黑龙江省公共建筑节能设计标准：DB23/T 2706—2020[S]. 哈尔滨：黑龙江省住房和城乡建设厅，2020.

关键措施与指标

（1）太阳能系统保护：太阳能系统在严寒地区应该采取防冻、防结霜、防雹、抗风、抗震和保证电气安全等技术措施。

（2）热性能系数：采用空气源热泵机组供热时，严寒地区冷热风机组制热性能系数[COP，在额定工况（高温）和规定条件下，空调器进行热泵制热运行时，制热量与有效输入功率之比]不宜小于1.8，冷热水机组制热性能系数（COP）不宜小于2.0。

（3）太阳能集热器和光伏组件设置：应避免受自身或建筑本身的遮挡。在冬至日采光面上的日照时数，太阳能集热器不应少于4h，光伏组件不应少于3h。

相关规范与研究

（1）《民用建筑设计统一标准》GB 50352—2019第3.3.1条规定，1月平均气温≤–10℃，7月平均气温≤25℃，7月平均相对湿度≥50%的地区为严寒地区。

（2）《黑龙江省公共建筑节能设计标准》DB23/T 2706—2020第8.2.1条、8.2.7条及8.2.8条规定，太阳能利用应遵循被动优先的原则。公共建筑设计宜充分利用太阳能。太阳能热水系统应设辅助热源及其加热设施。太阳能热水系统应采用适宜的防冻措施。

[目的]

严寒地区冬季时间长，需要大量能量保温，易导致系统能量不平衡。有效利用风能，能够为我国东北严寒地区的农业大省减少能源消耗量，减轻环境污染。

[设计控制]

为实现我国严寒地区对风能的有效利用，在公共建筑中应充分利用风力发电机，将风能转换为机械功，最终输出交流电，以节省能源。

[设计要点]

T1-3-2-1 被动式通风策略

（1）宜采用如深井水换热、土壤预热、预冷等处理方式进行机械辅助下的自然通风。

（2）严寒地区的被动式通风在空间组织时应考虑热缓冲空间，并在该空间对新鲜空气进行预冷或预热。在采暖季，被动式通风系统采用被动式预热结合自然通风；在制冷季，被动式通风系统采用被动式预冷结合自然通风；在温和季，系统的工作模式采用自然通风。

风力发电机组技术参数

型号	SN-600	SN-1000
额定功率（w）	600	1000
额定风速（m/s）	12	12
切入风速（m/s）	2.5	2.5
叶轮直径（m）	1.75	1.98
整机重量（kg）	25	27

来源：严华夏. 严寒地区低能耗建筑多种能源互补的供暖供冷系统[D]. 哈尔滨：哈尔滨工业大学，2013：54.

关键措施与指标

（1）设备能效：当采用房间空气调节器时，设备能效不应低于现行国家标准《房间空气调节器能效限定值及能效等级》GB 21455—2019规定的能效等级2级。当采用多联机空调系统或其他形式集中空调系统时，空调系统冷源能效和输配系统能效应满足现行国家标准《公共建筑节能设计标准》GB 50189—2015的规定值。

（2）循环水泵的耗电输冷（热）比：集中空调系统在选配水系统的循环水泵时，应按现行国家标准《公共建筑节能设计标准》GB 50189—2015的规定计算循环水泵的耗电输冷（热）比[EC（H）R]，并应标注在施工图的设计说明中。

（3）新风系统：当采用双向换气的新风系统时，宜设置新风热回收装置，并应具备旁通功能。新风系统设置具备旁通功能的热回收段时，应采用变频风机。

相关规范与研究

《黑龙江省公共建筑节能设计标准》DB23/T 2706—2020第7.2.9条规定，结合当地气候和自然资源条件合理利用可再生能源。

典型案例　哈尔滨远大购物广场

（哈尔滨工业大学建筑设计研究院设计作品）

项目主力店采用具有热回收功能的空调机组，对排风进行热回收，为商场节约了20%左右的能耗。此外，为兼顾通风与建筑采暖和节能减排需求，部分建筑外窗及幕墙气密性按下表进行设置。

A区-1#楼（商业部分）外窗气密性

最不利气密性等级	4级 C0727
标准依据	《黑龙江省公共建筑节能设计标准》DB23/T 2706—2020第4.3.4条，《建筑外门窗气密、水密、抗风压性能分级及检测方法》GB/T 7106—2019
标准要求	外窗气密性不应低于《建筑幕墙、门窗通用技术条件》GB/T 31433—2015的4级
结论	满足

A区-1#楼（商业部分）幕墙气密性

标准依据	《黑龙江省公共建筑节能设计标准》DB23/T 2706—2020第4.3.5条，《建筑幕墙气密、水密、抗风压性能检测方法》GB/T 15227—2019
标准要求	幕墙气密性不应低于《建筑幕墙、门窗通用技术条件》GB/T 31433—2015的3级

Technology

169

[目的]

严寒地区进行地热能供能，在满足室内环境要求情况下，不仅能大大降低能耗，还能克服严寒地区土壤源温度不平衡的问题。

[设计控制]

严寒地区地源热泵系统由于冷热负荷不同，从土壤中抽取与输送的热量不平衡，会直接导致地下土壤冷量的堆积，对整个系统的COP[COP：在额定工况（高温）和规定条件下，空调器进行热泵制热运行时，制热量与有效输入功率之比]影响很大。因此，在使用土壤源热泵系统作为冷热源时，应在对地下土壤的温度变化规律分析的基础上进行合理设计与实时监测，从而保证供暖的稳定性，减小冷热负荷不平衡引起的土壤温度变化，确保系统长期有效运行。

[设计要点]

T1-3-3 1 地源热泵系统

（1）土壤源热泵系统作为冷热源时，应考虑地源端的季节热平衡问题，并选择适宜的末端形式。太阳能集热器与用户端热水箱相连实现热水供应，构成太阳能—地热能联合应用供能系统。

（2）夏季运行模式应通过制冷循环将室内余热排至地下。

（3）严寒地区土壤自身无法恢复热失衡问题，经常将太阳能作为辅助热源引入到土壤源热泵系统中。

（4）严寒地区防止土壤出现冷堆积，可以通过改变建筑物的冷热负荷来实现。如控制供冷、供热面积或者控制供冷、供热时间等。

关键措施与指标

（1）防冻措施：冬季有冻结的地区，地埋管、闭式地表水系统应有防冻措施。

（2）全年动态负荷：地埋管换热系统设计应进行全年动态负荷计算，最小计算周期不应小于1年。计算周期内，地源热泵系统总释热量与其总吸热量应平衡。

（3）融霜时间：空气源热泵机组在连续制热运行中，融霜所需时间总和不应超过一个连续制热周期的20%。

（4）空气源热泵室外机组安装位置：应确保进风与排风通畅，在排出空气与吸入空气之间不发生明显的气流短路；台室外机应分散安装；室外机组应有防积雪和太阳辐射措施；对化霜水应采取可靠措施有组织排放。

相关规范与研究

《黑龙江省公共建筑节能设计标准》DB23/T 2706—2020第8.3.1、8.3.2条规定，地源热泵系统方案设计前，应进行工程场地状况调查并对地热能资源进行勘察，评估地埋管换热系统实施的可行性与经济性。地源热泵系统设计时应考虑全年冷热负荷的影响。

典型案例 哈尔滨华润·欢乐颂

（哈尔滨工业大学建筑设计研究院、上海域达建筑设计咨询有限公司设计作品）

哈尔滨华润·欢乐颂项目热源采用城市集中供热，空调系统采用离心式冷水机组与螺杆式冷水机组，冷热源机组COP比现行国家设计标准规定值提升6%，即设计选用的离心机能效比要求达到6.04以上，螺杆机能效比达到5.51以上。

名义制冷工况和规定条件下冷水（热泵）机组的制冷性能系数（COP）

机组类型提升6%			名义制冷量CC〔kW〕	制冷性能系数COP/EER	
				提升6%	提升12%
电机驱动的蒸汽压缩循环冷水（热泵）机组	水冷	螺杆式	$CC \leq 528$	4.88	5.15
			$528 < CC \leq 1163$	5.3	5.60
			$CC > 1163$	5.51	5.82
		离心式	$CC \leq 1163$	5.30	5.60
			$1163 < CC \leq 2110$	5.52	5.94
			$CC > 2110$	6.04	6.38
	风冷	螺杆机	$CC \leq 50$	2.86	3.02
			$CC > 50$	3.07	3.25

Technology

171

[目的]

严寒地区民用建筑屋面内排水系统的优化设计及雨水口防冻措施研究，发现公共建筑内排水设计及施工、使用中可能遇到的问题，掌握严寒地区民用建筑屋面排水系统的特点，提出严寒地区民用建筑内排水设计的原则及解决雨水口冻结的技术措施。

[设计控制]

我国严寒地区降水主要存在雨和雪两种形式，开始时间晚，结束时间早，降水集中，其建筑设置屋面排水系统，能及时、高效地将落到屋面的雨水和融雪水收集、排出，以免造成屋顶雨水、融雪水四溅或者聚积在屋面导致漏雨等现象的发生。

[设计要点]

T1-4-1 1 有组织雨水排水与利用

（1）雨水排水管道系统应设置溢流系统。

（2）应设置超量雨水的溢流口来应对暴雨期排水系统骤然增加的流量。

（3）严寒地区设置雨水排水系统，为避免排除融雪水过程中产生结冰堵塞，宜设置加热措施。

（4）当檐口形成冰柱掉落时有可能对人员财产产生安全威胁的部位，应采取措施。

（5）屋面雨水经初期弃流后可用于冷却循环。

（6）雨水利用过程考虑结冰阻塞的现象对设备进行的破坏，宜采取保温措施。

（7）应充分考虑冰冻期与降雨集中月份的分布情况，保障经过雨水回用设备的效益平衡。

不同雨水系统特点比较

特点	设计流态	雨水斗形式	超量雨水排出
87式系统（伴有压流）	汽水混合流，重力流	87型或65型	系统已考虑了排超量雨水
堰流式系统（重力无压流）	腹壁膜流，重力流	自由堰流式	必须通过溢流，超量雨水进入会损坏系统
虹吸式系统（压力流）	水单向流，有压流	淹没进水	通过溢流，充分利用水头，超量雨水难以进入

来源：刘岩. 严寒地区民用建筑屋面有组织排水优化设计研究[D]. 哈尔滨：哈尔滨工业大学，2015：15.

关键措施与指标

（1）水落管位置与管径：檐沟外排水系统应沿屋面每隔8～12m设置一根水落管，其管径有75mm、100mm两种规格。

（2）排水方式：屋面10m进深以上应为双坡排水，屋脊设分水线，排水坡度一般为3%～5%，雨水经排水坡度汇集到檐沟，雨水汇集之后通过檐沟的雨水口进入雨水管，进而排入地下。

相关规范与研究

刘岩. 严寒地区民用建筑屋面有组织排水优化设计研究[D]. 哈尔滨：哈尔滨工业大学，2015：7-8.

雨水管系统的雨水流量设计留有足够余地，以防止实际雨水流量太大导致的室内检查井冒水或者排水不畅屋面积水，避免破坏屋面等生产事故的发生。不应该过多地设置雨水斗，而且要分别在高低跨的屋面上设置相互独立、互不干扰的雨水系统。

典型案例　哈尔滨远大购物广场

（哈尔滨工业大学建筑设计研究院设计作品）

（1）哈尔滨远大购物广场雨水管系统设计难点：
①各单体使用功能复杂，给水排水点繁多，管线布置复杂。
②地下室层高较小，供各种管线安装的空间小，管线布置复杂。
③各单体被大型地下车库包围，地下室还有人防功能，各单体的排水出户设计复杂。
④本工程各单体建筑高度各异，差别较大。消火栓系统、自动喷淋系统在分区上较为复杂。
（2）哈尔滨远大购物广场雨水管系统设计特点：
①远大主力店和其他商业及公寓分设两套供水系统。
②大面积的屋面雨水排水采用虹吸式雨水排放系统。
③远大主力店采用了大空间智能型主动喷水灭火系统。
④高层公寓层高及结构梁高限制，所有管道穿梁设置。
⑤所有电气用房均设七氟丙烷气体灭火系统。

[目的]

为严寒地区解决中水站通风系统中废气收集、防爆、防冻及通风节能问题提供一些技术措施。作为污水回用重要形式之一的建筑中水，由于其独特的区域性和灵活性，显现出开源和控制污染的双层功能，有着广阔的前景。

[设计控制]

通过对中水站的合理设计实现中水的有组织收集和处理，避免因厌氧发酵产生的恶臭气体，防止破坏公共建筑环境。

[设计要点]

T1-4-2-1 建筑中水利用

（1）建筑中水具有冬季水温高、水量稳定、低污染等特点，宜作为热泵的低位热源。

（2）建筑中水宜采用原水污废分流，中水专供的完全分流系统。

（3）中水贮存池宜采用耐腐蚀，易清垢的材料制作。

（4）中水贮存池应防止结冰阻塞，采取预加热系统。

（5）雨水利用过程考虑结冰阻塞现象对设备进行的破坏，宜采取保温措施。

（6）应充分考虑冰冻期与降雨集中月份的分布情况，保障经过雨水回用设备的效益平衡。

建筑物分项给水百分率（%）

项目	宾馆、饭店	办公楼、教学楼	公共浴室	职工及学生食堂	宿舍
冲厕	10 ~ 14	60 ~ 66	2 ~ 5	6.7 ~ 5	30
厨房	12.5 ~ 14	—	—	93.5 ~ 95	—
沐浴	50 ~ 40	—	98 ~ 95	—	40 ~ 42
盥洗	12.5 ~ 14	40 ~ 34	—	—	12.5 ~ 14
洗衣	15 ~ 18	—	—	—	17.5 ~ 14
总计	100	100	100	100	100

来源：建筑中水设计标准：GB 50336—2018[S]. 北京：中国建筑工业出版社，2018.

典型案例　哈尔滨华润·欢乐颂

（哈尔滨工业大学建筑设计研究院、上海域达建筑设计咨询有限公司设计作品）

项目采用的水嘴、坐便器、小便器等用水器具水效均达到下表中的1级。

坐便器用水效率等级指标

用水效率等级			1级	2级	3级	4级	5级
用水量（L）	单档	平均档	4.0	5.0	6.5	7.5	9.0
	双档	大档	4.5	5.0	6.5	7.5	9.0
		小档	3.0	3.5	4.2	4.9	6.3
		平均值	3.5	4.0	5.0	5.8	7.2

水嘴用水效率等级指标

用水效率等级	1级	2级	3级
流量（L/s）	0.100	0.125	0.150

小便器用水效率等级指标

用水效率等级	1级	2级	3级
流量（L/s）	2.0	3.0	4.0

Technology

175

[目的]

使用高性能冷热源设备，在满足建筑通风和供暖基本要求的同时，尽量降低严寒气候对建筑通风取暖过程中可能带来的不利影响。

[设计控制]

（1）使用多种高性能冷热源设备，保证建筑能源的节约和合理使用。

（2）充分考虑到严寒气候为建筑空气调节和采暖系统带来的各种影响，在能源输送的每个环节减少能量的损失，以达到建筑节能的各项要求。

[设计要点]

T1-5-1-1 通风与空气调节设备

为满足建筑通风和空气质量需求，应合理布置严寒地区公共建筑的通风与空气调节设备：

（1）只要求按季节进行供冷和供热转换的空气调节水系统，应采用两管制水系统。

（2）全年运行过程中，供冷和供热工况频繁交替转换或需同时使用的空气调节水系统，宜采用四管制水系统。

（3）房间面积或空间较大，且人员较多，或须集中控制温湿度参数的空调区域，宜采用全空气空调系统。

（4）建筑空间高度大于或等于10m，且体积大于10000m³时，宜采用分层空气调节系统。

（5）空气调节保冷管道的绝热层外，应设置隔气层和保护层。

（6）高效新风热回收系统应设置防冻措施，防冻措施可采用以下方式：有集中供暖时，宜利用热网回水、以节约一次能源；采用地道风（土壤热交换器）预热室外空气时，出口风温不宜低于4℃；符合当地用电政策和《公共建筑节能设计标准》GB 50189—2015的要求时，可采用（蓄热式）电加热方式。

关键措施与指标

空气调节冷热水管的绝热厚度：应按现行国家标准《设备及管道绝热设计导则》GB/T 8175—2008的经济厚度和防表面结露厚度的方法计算。

相关规范与研究

《黑龙江省公共建筑节能设计标准》DB23/T 2706—2020第5.1.5条规定，公共建筑的供暖、通风、空调方式，应根据本地区气候特点，建筑物的用途、规模、使用特点、负荷变化情况、参数要求等综合因素，通过技术经济综合分析确定。

典型案例 哈尔滨华润·欢乐颂

（哈尔滨工业大学建筑设计研究院、上海域达建筑设计咨询有限公司设计作品）

哈尔滨华润·欢乐颂项目热采暖空调系统分区分朝向控制，制定根据负荷变化调节制冷（热）量的控制策略，水系统、风系统采用变频技术，并采取相应的水力平衡措施。

T1-5-1_2 严寒地区采暖设备

（1）公共建筑的高大空间，如大堂、中庭、候车（机）厅、展厅等，宜采用辐射供暖方式，或采用辐射供暖作为补充。

（2）集中热水散热器采暖系统设计，应符合如下要求：合理划分和布置供暖管线；供暖系统的划分和布置应能满足热计量和调节的要求；垂直单管式系统应采用跨越式。

（3）公共建筑集中热水采暖系统的每组（或每个房间）散热器或辐射采暖地板每个环路，应配置与系统特性适应的、调节性能可靠的自力式温控阀或手动调节阀。

关键措施与指标

（1）水力平衡计算：室外管网应进行水力平衡计算，且应在建筑物热力入口处设置水力平衡装置。

（2）锅炉额定热效率：锅炉的选型，应满足当地环保政策相关规定，并与当地长期供应的燃料种类相适应。锅炉的额定热效率不应低于下表中规定的数值。

（3）设备能效：当采用户式燃气供暖炉为热水热源时，其设备能效应符合右表的规定。

相关规范与研究

《黑龙江省公共建筑节能设计标准》DB23/T 2706—2020第5.2.1条规定，供暖空调冷源与热源应根据建筑规模、用途、建设地点的能源条件、结构、价格以及国家节能减排和环保政策的相关规定，通过综合论证确定。

燃生物质锅炉名义工况下的热效率

燃料种类	锅炉额定蒸发量D（t/h）/额定热功率Q（MW）	
	$D \leqslant 10/Q \leqslant 7$	$D > 10/Q > 7$
	锅炉热效率（%）	
生物质	84	88

户式燃气供暖炉热效率

类型		热效率值（%）
户式供暖炉（热水）	η_1	89
	η_2	85

注：η_1为供暖炉额定热负荷和部分热负荷（热水状态为50%的额定热负荷）下两个热效率值中的较大值；η_2为较小值。

名义工况下锅炉的热效率（%）

锅炉类型及燃料种类		锅炉额定蒸发量D（t/h）/额定热功率Q（MW）	
		$D \leqslant 20/Q \leqslant 14$	$D > 20/Q > 14$
燃油燃气锅炉	燃油	93	
	燃气	94	
层状燃烧锅炉	Ⅲ类烟煤	84	86
流化床燃烧锅炉		90	

Technology

[目的]

采用高性能输配设备，满足公共建筑节能的同时，充分考虑输配设备在低温环境下的工作需求，采用适应寒地气候的设备及输送方式。

[设计控制]

严寒地区对建筑输配设备有更高细节要求，以保证在低温中运行的稳定性。应注意低温对设备运行可能产生的影响，充分考虑设备最低工作温度与环境的适配性，采取措施对设备进行保温处理以满足设备运行的条件和建筑节能的要求。

[设计要点]

T1-5-2.1 严寒地区配电系统

严寒地区配电系统在设计时应注意以下规定：

（1）电气系统的设计应根据当地供电条件，合理确定供电电压等级。

（2）配变电所应靠近负荷中心、大功率用电设备。

（3）变压器应选用低损耗型，且能效值不应低于现行国家标准《三相配电变压器能效限定值及能效等级》GB 20052—2013中能效标准的节能评价值。

（4）变压器的设计宜保证其运行在经济运行参数范围内。

（5）容量较大的用电设备，当功率因数较低且离配变电所较远时，宜采用无功功率就地补偿方式。

（6）大型用电设备、大型可控硅调光设备、电动机变频调速控制装置等谐波源较大设备，宜就地设置谐波抑制装置。当建筑中非线性用电设备较多时，宜预留滤波装置的安装空间。

不同类型房间设备功率密度（W/m^2）

建筑类别	电气设备功率
办公建筑	15
宾馆建筑	15
商场建筑	13
医院建筑门诊楼	20
学校建筑教学楼	5

来源：黑龙江省公共建筑节能设计标准：DB23/T 2706—2020[S]. 哈尔滨：黑龙江省住房和城乡建设厅，2020.

关键措施与指标

（1）建筑设备监控系统设置：应符合现行国家标准《智能建筑设计标准》GB 50314—2015的有关规定。

（2）变配电系统设计：在满足使用功能、安全、可靠的前提下，变配电系统的设计应将节能作为主要技术经济指标进行多方案比较，优化设计方案，提高变配电系统节能运行的效率。

相关规范与研究

《公共建筑节能设计标准》GB/T 50189—2015第6.2条和《建筑照明设计标准》GB/T 50034—2013第7.2.1条，根据严寒地区输配系统相关装置选择要求的规定，依据当地供电条件，合理确定配置方案。

典型案例　哈尔滨华润·欢乐颂

（哈尔滨工业大学建筑设计研究院、上海域达建筑设计咨询有限公司设计作品）

哈尔滨华润·欢乐颂项目采用以下电力节能措施。

（1）节能水泵风机：水泵与风机等电气设备满足节能评价值要求，其电气设备不包括应急设备，如消防水泵、潜水泵、防排烟风机等。风机满足《通风机能效限定值及能效等级》GB 19761—2020的节能评价值。水泵效率满足《清水离心泵能效限定值及节能评价值》GB 19762—2007的节能评价值。

（2）节能电梯：采用变频调速拖动类的节能电梯，以及群控措施扶梯感应启停、轿厢无人自动关灯技术、驱动器休眠技术、自动扶梯变频感应启动技术等。

Technology

[目的]

严寒地区水资源匮乏，要求合理布置节水设备与器具，以达到资源利用最大化。

[设计控制]

在可持续发展的基本要求下，严寒地区在设备选择时，应注意选用高性能节水设备与器具，节约水资源，以达到绿色建筑的节能要求。

[设计要点]

T1-5-3_1　高性能节水设备

（1）应设置不少于三级的计量水表。表具应采用远传水表，在运营过程中便于纳入计量监管平台统一管理。

（2）压力控制：用水点和用水器具进行压力控制；用水点供水压力不大于0.2Mpa，且不小于用水器具的最低工作压力。

（3）用水量统计：对室外用水（包括绿化浇灌、道路冲洗等用水）进行独立计量；实施分级水表，安装三级水表。按照付费或管理单元，对于不同用户的用水，分别设置用水计量装置以统计用水量。

（4）设置节水器具，规定用水洁具，包括水嘴、坐便器、小便器等洁具用水效率达到对应等级指标，并根据绿色建筑的等级加以区别。

（5）空调制冷系统的水泵、阀门等选用密闭性能好的节水型设备，空调设备或系统采用节水冷却技术。

关键措施与指标

（1）给水系统的供水方式及竖向分区：应根据建筑的用途、层数、使用要求、材料设备性能、维护管理和能耗等因素综合确定。分区压力要求应符合现行国家标准《建筑给水排水设计标准》GB 50015—2019和《民用建筑节水设计标准》GB 50555—2010的有关规定。

（2）供水压力：各分区的最低卫生器具配水点的静水压力不宜大于0.45MPa；当设有集中热水系统时，分区静水压力不宜大于0.55MPa；直饮水系统不宜大于0.40MPa；分区内低层部分应设减压设施保证各用水点处供水压力不宜大于0.20MPa，且不应小于用水器具要求的最低压力。

相关规范与研究

《民用建筑节水设计标准》GB/T 50555—2010第6.1.1条规定，建筑给水排水系统中采用的卫生器具、水嘴、淋浴器等应根据使用对象、设置场所、建筑标准等因素确定，且均应符合现行行业标准《节水型生活用水器具》CJ 164的规定。

典型案例　哈尔滨华润·欢乐颂

（哈尔滨工业大学建筑设计研究院、上海域达建筑设计咨询有限公司设计作品）

在哈尔滨华润·欢乐颂项目中，每层设置有卫生间区域，包括儿童卫生间、家庭卫生间和无障碍卫生间，并就近集合了母婴间、儿童休息室、充电、洗衣、储藏等功能。

项目采用空调循环用水节水技术，开式循环冷却水系统设置水处理措施，采取加大集水盘、设置平衡管或平衡水箱的方式，避免冷却水泵停泵时冷却水溢出。节水器具方面，水嘴、坐便器、小便器等用水器具水效，分别达到了《水嘴水效限定值及水效等级》GB 25501—2019、《坐便器水效限定值及水效等级》GB 25502—2017、《小便器水效限定值及水效等级》GB 28377—2019中用水效率等级表内1级的要求。

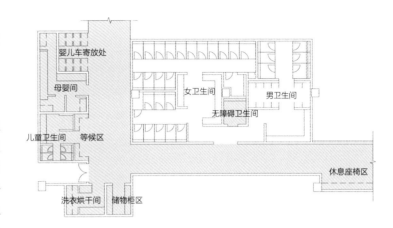

一层中央卫生间平面示意

[目的]

　　严寒地区冬季漫长，日照时间短，在建筑照明设备设计时应注意降低寒冷气候给人带来的不良心理感受，在光源设备选择和设计时应降低能源在低温环境中的浪费，注意能源的节约使用。

[设计控制]

　　（1）考虑使用高性能照明设备，利用先进技术和设计理念营造适宜的灯光效果，提升人在冬季夜晚的舒适度，充分践行绿色、低碳、环保、智能照明等相关理念。

　　（2）在设备选择时，从节能的角度选用高光效光源、高效灯具和高效节能的灯具附件，并从节材的角度尽量选用小管径的光源。

[设计要点]

T1-5-4-1 建筑室外照明设计

　　（1）纪念性建筑、行政办公建筑、文教建筑应力求用色庄重、简洁、淡雅，考虑寒地城市的特点，可使用暖色的照明色作为主色，必要时可局部使用彩度低的色光照射。商业及娱乐性建筑可加大使用彩色光的数量，以突出繁华、活跃的城市商业气氛，增强户外环境在冬季对居民的吸引力。谨慎使用绿色、紫色等彩色光。[①]

　　（2）在保证建筑整体照明效果的同时，要突出建筑的重点部位及装饰细部。用主光突出建筑物的重点部位，用辅助光照明一般部位，主光与辅助光比例为3：1。同时还要综合考虑建筑周围环境亮度及相邻建筑物的照明情况，使之与被照建筑物保持一定的亮度对比。[①]

　　（3）在照明方式的选择上，采用多元空间立体照明方式。如高层建筑可采用底部泛光照明，顶部外轮廓照明与内透光照明结合的方式；轮廓简单的方盒式建筑应避免使用轮廓照明，玻璃幕墙建筑避免使用泛光照明[①]。

---

① 冷红，袁青. 寒地城市夜景照明规划与设计 [J]. 哈尔滨工业大学学报，2004（11）：1543-1546.

关键措施与指标

（1）照明功率密度值（*LPD*）：应满足现行国家标准《建筑照明设计标准》GB 50034—2013规定的现行值。

（2）高大空间及室外作业场所照明：宜选用金属卤化物灯、高压钠灯。

（3）室外景观和道路照明：应选择高效、寿命长、安全、稳定的光源，避免光污染。

相关规范与研究

冷红，袁青. 寒地城市夜景照明规划与设计[J]. 哈尔滨工业大学学报，2004（11）：1543.

严寒地区冬季漫长，日照时间短，建筑照明设备起到了重要的作用。建筑照明一方面有助于塑造城市全新的形象，提升人在夜晚对城市的认知程度。另一方面，适宜的照明设备可以为人带来温暖、舒适的心理感受。

典型案例　哈尔滨华润·欢乐颂

（哈尔滨工业大学建筑设计研究院、上海域达建筑设计咨询有限公司设计作品）

商场外立面亮度分级，突出重点及特色区域。

（1）一级亮度：商场Logo标识、LED屏幕、局部重点照明。

（2）二级亮度：商业广告牌。

（3）三级亮度：商场内透灯光。

（4）四级亮度：立面基础灯光。

高亮度等级			低亮度等级
LED屏幕/Logo标识 局部重点照明	商业广告牌	商场内透光	立面基础灯光
一级照度级别	二级照度级别	三级照度级别	四级照度级别

商场外立面亮度分级分析

建筑室外照明现场实景示意

Technology

T1-5-4-2 建筑室内照明设计

（1）选择光源时，应在满足显色性、启动时间等要求条件下，根据光源、灯具及镇流器等的效率、寿命和价格在进行综合技术经济分析比较后确定。

（2）公共建筑的走廊、楼梯间、门厅等公共场所的照明，宜采用集中控制，并按建筑使用条件和天然采光状况采取分区、分组控制措施。

（3）在采光照明设计中除主动式采光设备外，建筑还可通过朝向、进深、窗墙比、透光材料及设置天窗等多种方式的调节，实现建筑的多重被动式采光，以此弥补建筑自然采光的不足，体现按需设计与舒适合理。

（4）有条件的场所，宜采用下列控制方式：天然采光良好的场所，按该场所照度自动开关灯或调光；个人使用的办公室，采用人体感应或动静感应等方式自动开关灯；旅馆的门厅、电梯大堂和客房层走廊等场所，采用夜间定时降低照度的自动调光装置；大中型建筑，按具体条件采用集中或集散的、多功能或单一功能的自动控制系统。

（5）建筑景观照明应采取集中控制方式，并设置平时、一般节日、重大节日等多种模式。

关键措施与指标

（1）采光系数或采光窗地面积比：房间的采光系数或采光窗地面积比应符合《建筑采光设计标准》GB 50033—2013的规定。

（2）光源选择：根据《黑龙江省公共建筑节能设计标准》DB23/T 2706—2020，公共建筑室内照明设计时可按下列条件选择光源：在满足眩光限制和配光要求条件下，应选用效率高的灯具，灯具效率不应低于现行国家标准《建筑照明设计标准》GB 50034—2013相关规定。除单一灯具的房间，每个房间的灯具控制开关不宜少于2个，且每个开关所控的光源数不宜多于6盏。

相关规范与研究

（1）《绿色建筑评价标准》GB/T 50378—2019第5.1.5条及《建筑照明设计标准》GB 50034—2013第6.2.1～6.2.7条相关规定，同时应注意严寒气候带来的影响，对建筑照明设备进行具体分析。

（2）《黑龙江省公共建筑节能设计标准》DB23/T 2706—2020第7.3.2条规定，应充分利用天然光，有条件时可采用导光装置，并应同时采用电气照明措施。以下场所宜采用发光二极管（LED）灯：公共建筑的走廊、楼梯间、卫生间等场所；地下车库的行车道、停车位等无人长时间逗留的场所；疏散指示灯、出口灯、室内指向性装饰照明等场所；无人值班，只进行检查、巡视等场所。

典型案例　哈尔滨华润·欢乐颂

（哈尔滨工业大学建筑设计研究院设计作品、上海域达建筑设计咨询有限公司设计作品）

哈尔滨华润·欢乐颂项目采用以下室内照明与节能控制：

（1）采用高效节能光源与控制，楼宇中楼梯间、公共走道采用节能型控制方式，地下车库采用智能照明系统分组控制，实现照明节能控制。

（2）所有功能区间照明功率密度值达到目标值，达到《建筑照明设计标准》GB 50034—2013中表6.3.4的目标限值。

（3）窗结构的内表面和窗周围的内墙面采用浅色饰面，有效控制眩光。

（4）为达到室内空间通透、开敞的效果，在建筑中庭设置了天窗，充分利用自然采光以减少建筑的人工照明需求。

设置天窗调节建筑室内采光实景

室内照明现场实景

Technology

[目的]

施工组织设计是用来指导施工项目全过程各项活动的技术、经济和组织的综合性解决方案，是施工技术与施工项目管理有机结合的产物。通过协同施工技术可以对项目的一些重要的施工环节进行模拟和分析，以提高施工计划的可行性；同时也可以利用协同施工技术结合施工组织计划进行预演以提高复杂建筑体系（施工模板、玻璃装配、锚固等）的可建造性。借助协同施工技术对施工组织的模拟，项目管理方能够非常直观地了解整个施工安装环节的时间节点和安装工序，并清晰把握在安装过程中的难点和要点，施工方也可以进一步对原有安装方案进行优化和改善，以提高施工效率和施工方案的安全性。

[设计控制]

（1）建筑施工是一个高度动态的过程，随着工程规模不断扩大，复杂程度不断提高，使得施工项目管理变得极为复杂。当前建筑工程项目管理中经常用来表示进度计划的甘特图，由于其专业性强，可视化程度低，无法清晰描述施工进度以及各种复杂关系，难以准确表达工程施工的动态变化过程。通过将BIM与施工进度计划相链接，将空间信息与时间信息整合在一个可视的模型中，可以直观、精确地反映整个建筑的施工过程，从而合理制定施工计划、精确掌握施工进度，优化使用施工资源以及科学地进行场地布置，对整个工程的施工进度、资源和质量进行统一管理和控制，以缩短工期、降低成本、提高质量。

（2）施工阶段应用BIM的工作重点内容主要包括：a.BIM施工模型建立；b.细化设计；c.方案模拟；d.进度辅助；e.质量管理；f.现场管理；g.质量安全及地下工程风险管控；h.资料管理。

（3）严寒气候对施工造成了可施工时间短、环境恶劣、部品协调困难等问题，通过BIM实施全过程协同，可以充分整合设计流程、有效利用资源，最大程度避免由于数据不通畅带来的重复性劳动，大大提高整个工程的质量和效率，并显著降低成本。项目应在策划阶段制定BIM实施方案，建筑师在充分征求业主、结构工程师、设备工程师、施工方及运营商的基础上，确定BIM协同工作实施路线。

[设计要点]

（1）BIM多专业协同的应用：通过BIM模型全方位了解建筑空间，机电专业利用BIM技术进行深化设计、预拼装，合理布置机电管线，提高机电深化设计和加工、安装的质量与效率，通过软件解决管线间的碰撞等问题，并从模型中输出图纸指导施工，提高整体施工质量。

（2）BIM 在施工方案可视化分析的应用：利用BIM模型可视化特点，对复杂施工安装进行模拟，快速直观发现建筑、结构设计中的不合理和待优化问题，实现图纸可视化审查和交流。对幕墙单元板块构件进行电脑预拼装，大幅提高幕墙深化设计和加工效率。

（3）BIM深化管理：在移动终端应用可视化施工管理，BIM组和施工现场的同事配备平板电脑，节省图纸打印的费用，及时跟进模型更新及深化，在一定程度上达到了办公无纸化，方便确认设计碰撞或者现实施工条件等，在模型中还可以对现场发现的问题进行标注。

（4）BIM和3D扫描的结合应用：三维激光扫描结合BIM技术提高施工现场检测监控能力。

典型案例 **呼和浩特市第十四中学校舍改造重建项目**
（哈尔滨工业大学建筑设计研究院设计作品）

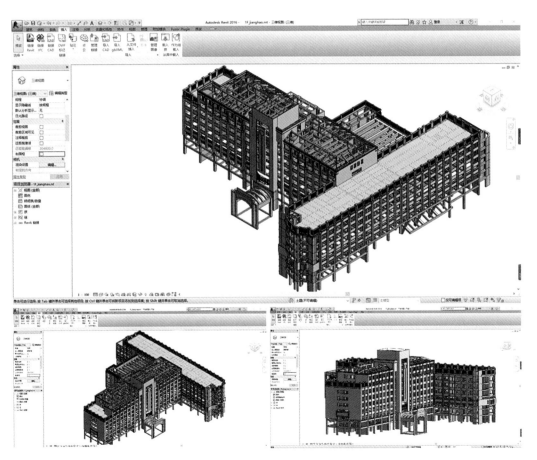

BIM协同施工方案示意

[目的]

工程建设中，在保证质量、安全等基本要求的前提下，通过科学管理和技术进步，最大限度地节约资源、保护环境、减少污染。

[设计控制]

（1）实施绿色施工，应依据因地制宜的原则。绿色施工应是可持续发展理念在工程施工中全面应用的体现，绿色施工并不仅仅是指在工程施工中实施封闭施工，没有尘土飞扬，没有噪声扰民，在工地四周栽花、种草，实施定时洒水等这些内容，它涉及可持续发展的各个方面，包括环境保护、资源节约和过程管理等内容。

（2）严寒地区的绿色施工管理能够提高建筑的整体质量和有效地缩短工期，同时能带来可观的经济效益。由于冬季施工需保温覆盖和消耗较多热能增加工程造价，因此如场地平整、地基处理、室外装饰、屋面防水及混凝土浇筑等工程项目要尽量避免在冬季施工。对于不得不在冬季施工的项目，则需制定冬季施工措施，并及时掌握气温变化。

[设计要点]

T2-1-2-1　环境保护

（1）采取洒水、覆盖、遮挡等降尘措施。

（2）采取有效的降噪措施，在施工场界测量并记录噪声。

（3）制定并实施施工废弃物减量化、资源化计划。

关键措施与指标

（1）扬尘高度：土石方作业区内扬尘目测高度应小于1.5m，结构施工、安装、装饰装修阶段目测扬尘高度应小于0.5m，不得扩散到工作区域外。

（2）噪声排放：建筑施工场界环境噪声排放限值昼间70dB（A）、夜间55dB（A）。

（3）施工固体废弃物排放量：每10000m² 建筑面积施工固体废弃物排放量SWc≤400t。

相关规范与研究

《绿色建筑评价标准》GB/T 50378—2019第9.2.8条规定，按照绿色施工的要求进行施工和管理。

典型案例　哈尔滨华润·欢乐颂

（哈尔滨工业大学建筑设计研究院、上海域达建筑设计咨询有限公司设计作品）

a.扬尘监测示意

c.扣件回收示意

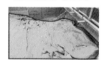

d.配电箱防护棚示意

b.短肢悬挑外脚手架示意　e.填土覆盖示意

"哈尔滨 华润·欢乐颂"项目施工管理现场

哈尔滨华润·欢乐颂项目施工现场采用如上图所示的多种绿色施工措施，以减少污染和材料损耗。

T2-1-2_2 资源节约

（1）制定并实施施工节能节水和用能用水方案。

（2）减少预拌混凝土、钢筋的损耗。

T2-1-2_3 过程管理

（1）实施设计文件中绿色建筑重点内容（专项交底记录、施工日志等）。

（2）严格控制设计文件变更，避免出现降低建筑绿色性能的重大变更（绿色建筑重点内容设计文件变更记录、洽商记录、会议纪要、设计变更申请表、设计变更通知单、施工日志记录等）。

（3）施工过程中采取相关措施保证建筑的耐久性。

（4）实施土建装修一体化施工。

T2-1-2_4 冬期施工

（1）根据当地多年气象资料统计，当室外日平均气温连续5d稳定低于5℃即进入冬期施工，当室外日平均气温连续5d高于5℃即解除冬期施工。

（2）冬期施工的地基基础工程，除应有建筑场地的工程地质勘察资料外，尚应根据需要提出地基土的主要冻土性能指标。

（3）严寒地区施工工程，应预先做好各项准备工作，对各项设施和用料提前采取防雪、防霜、防冻措施，对钢材的冷拉专门制定安全措施。

（4）完善现场事故应急预案制度，建立冬期施工安全生产值班制度，落实抢险救灾人员、设备和物资，一旦发生重大安全事故时确保能够高效、有序地做好紧急抢险救灾工作，最大限度地减轻灾害造成的人员伤亡和经济损失。

（5）在入冬前对所有的消防设施进行一次全面检查，保证所有的消防器材、设施完好。施工现场严禁点火，取暖设施应进行全面检查并加强用火管理及时消除易燃物和事故隐患。

（6）冬期施工所用道路、人行通道、斜道、施工架子等均采取防滑措施。大雪后须将施工现场清理干净方可施工，并将所有孔洞加设盖板。

（7）在雨雪天气运输车辆要加防滑链，以防因路滑引起交通事故。

关键措施与指标

预拌混凝土损耗率、钢筋损耗率

相关规范与研究

（1）《绿色建筑评价标准》GB/T 50378—2019第9.2.8条规定，采取措施减少预拌混凝土损耗。

（2）《建筑工程冬期施工规程》JGJ/T 104—2011第1.0.4条规定，凡进行冬期施工的工程项目，应编制冬期施工专项方案；对有不能适应冬期施工要求的问题应及时与设计单位研究解决。

[目的]

在各类建筑的评价系统中，能耗以及人员的舒适度，占据了相当一部分的份额。建筑围护系统是否达到设计要求，决定着建筑最终运行能耗的多寡以及使用人员的真正的舒适程度；也是建筑能否成为真正的绿色建筑的关键。

[设计控制]

工程竣工前，由建设单位组织有关责任单位，进行建筑围护系统的综合调试，结果应符合设计要求。主要内容包括制定完整的建筑围护系统综合调试方案，对建筑围护系统综合调试。

[设计要点]

T2-2-1 1 建筑围护系统综合调试

（1）围护结构热工性能及气密性对于室内空调冷热负荷有较大影响，是决定建筑能耗大小的重要因素，因此节能性也是我们需要重点关注的方向。围护结构的调试主要包括整体气密性及热工性能缺陷检测。

（2）严寒地区，热桥的存在一方面增大了墙体的传热系数，通过建筑围护结构的热流增加，加大了供暖空调负荷；另一方面冬季热桥部位的内表面温度过低，易产生结露现象，导致建筑构件发霉，影响建筑的美观和室内环境。建筑的热桥问题应当在设计中得到充分重视和妥善的解决，在施工过程中应当对热桥部位做重点的局部处理。

关键措施与指标

（1）整体气密性调试

应先对建筑整体气密性能进行验证，宜按照下列步骤进行：

①选择需验证的典型房间或者单元；

②逐一对选择房间或者单元进行整体气密性检测，按照《建筑物气密性测定方法 风扇压力法》GB/T 34010—2017的方法进行；

③根据检测结果，评估气密性调试后的改善效果，判定其是否满足调试目标要求或者不大于1次/h。

（2）热工缺陷检测

现场检查施工质量，采用红外热像仪，依据《居住建筑节能检测标准》JGJ/T 132—2009，对外墙、屋面及地面热工缺陷进行检测分析，评估其影响程度大小。

相关规范与研究

（1）《公共建筑节能检测标准》JGJ/T 177—2009第5.1.1条规定，非透光外围护结构热工性能检测应包括外围护结构的保温性能、隔热性能和热工缺陷等检测；第6.1.1条规定，透光外围护结构热工性能检测应包括保温性能、隔热性能和遮阳性能等检测。

（2）《公共建筑节能检测标准》JGJ/T 177—2009第7.1.1条规定，建筑外围护结构气密性能检测宜包括外窗、透明幕墙气密性能及外围护结构整体气密性能检测。

[目的]

建筑机电系统调试，涵盖了建筑内部的众多子系统，这些系统，决定了建筑的能耗以及使用人员的舒适度。同时，物业管理团队能否接收到一个运行可靠、操作维护方便的建筑机电系统，调试将起到至关重要的作用。

[设计控制]

工程竣工前，由建设单位组织有关责任单位，进行机电系统的综合调试和联合试运转，结果应符合设计要求。

[设计要点]

T2-2-2_1 机电系统综合调试

机电系统的综合调试和联合试运转主要内容包括制定完整的机电系统综合调试和联合试运转方案，对通风空调系统、空调水系统排水系统、热水系统、电气照明系统、动力系统、智能化系统的综合调试过程以及联合试运转过程。其中建设单位是机电系统综合调试和联合试运转的组织者，根据工程类别、承包形式，建设单位也可委托代建公司和总承包单位组织机电系统综合调试和联合试运转。

相关规范与研究

（1）《通风与空调工程施工质量验收规范》GB 50243—2016第11.1.1条规定，通风与空调工程竣工验收的系统调试，应由施工单位负责，监理单位监督，设计单位与建设单位参与和配合。系统调试可由施工企业或委托具有调试能力的其他单位进行。

（2）《建筑电气工程施工质量验收规范》GB 50303—2015第3.1.4条规定，建筑电气动力工程的空载试运行和建筑电气照明工程负荷试运行前，应根据电气设备及相关建筑设备的种类、特性和技术参数等编制试运行方案或作业指导书，并应经施工单位审核同意、经监理单位确认后执行。

典型案例　哈尔滨华润·欢乐颂

（哈尔滨工业大学建筑设计研究院、上海域达建筑设计有限公司设计作品）

哈尔滨华润·欢乐颂机电系统示意

[目的]

通过建筑能耗监测，进行数据存储和分析，实现对节约资源、优化环境质量管理的功能，确保在建筑全生命期内对建筑设备运行具有辅助支撑的功能，实现绿色节能的目标。

[设计控制]

通过对室内外环境监测，对能耗进行分项计量，积累各种数据进行统计分析和研究，平衡健康、舒适和节能间的关系，从而建立科学有效节能运行模式与优化策略方案。

[设计要点]

T3-1-1-1 全年建筑能耗监测

严寒地区公共建筑能耗划分为公共建筑非供暖能耗、建筑供暖能耗进行管理。严寒地区建筑供暖能耗应以一个完整的法定供暖期内供暖系统所消耗的累积能耗计。公共建筑的非供暖能耗以一个完整的日历年或连续12个日历月的累积能耗计。

建筑能耗指标实测值应包括建筑运行中使用的由建筑外部提供的全部电力、燃气和其他化石能源，以及由集中供热、集中供冷系统向建筑提供的热量和冷量，并应符合下列规定：

（1）通过建筑的配电系统向各类电动交通工具提供的电力，应从建筑实测能耗中扣除；

（2）应政府要求，用于建筑外景照明的用电，应从建筑实测能耗中扣除；

（3）安装在建筑上的太阳能光电、光热装置和风电装置向建筑提供的能源不应计入建筑实测能耗中。

关键措施与指标

（1）非供暖能耗指标的约束值和引导值：根据《民用建筑能耗标准》GB/T 51161—2016第5.2.3、5.2.4条，严寒地区的商场建筑非供暖能耗指标的约束值和引导值[kW·h/（m²·a）]如下表所示：

（2）供暖能耗指标的约束值和引导值：根据《民用建筑能耗标准》GB/T 51161—2016第6.2.1条，严寒地区的建筑耗热量指标的约束值和引导值[kgce/（m²·a）]如下表所示：

商场建筑非供暖能耗指标的
约束值和引导值[kW·h/（m²·a）]

大型购物中心	175	135
大型超市	170	120

商场建筑机动车停车库非供暖能耗指标的
约束值和引导值[kW·h/（m²·a）]

	约束值	引导值
商场建筑机动车停车库	12	8

建筑供暖能耗指标的约束值和引导值
（燃煤为主）[kgce/（m²·a）]

省份	城市	约束值		引导值	
		区域集中供暖	小区集中供暖	区域集中供暖	小区集中供暖
辽宁省	沈阳	9.7	17.3	6.4	12.3
吉林省	长春	10.7	19.3	7.9	15.4
黑龙江省	哈尔滨	11.4	20.5	8.0	15.5

相关规范与研究

　　"十三五"国家重点研发计划——绿色建筑及建筑工业化重点专项"地域气候适应型绿色公共建筑设计新方法与示范"项目课题六"适应严寒气候的绿色公共建筑设计模式与示范"课题选择哈尔滨华润·欢乐颂项目作为示范工程，开展"绿色建筑效能评价示范工程"实际运行效果的测评工作。

　　课题针对严寒气候适应型绿色公共建筑工程示范研究，结合高纬度、长期超低温的严寒地区气候特征和公共建筑的类型特点，以防寒、保温、节能、排雪、防冻害等关键问题为导向，开展严寒气候适应型绿色公共建筑设计模式研究。

　　子课题"适应严寒气候的绿色公共建筑设计示范评价与反馈"针对设计理念、设计方法、设计工具在严寒气候区的实际应用问题，对设计成果的测评，验证并评价研究成果的实际应用效果，进一步优化典型气候区绿色公共建筑设计模式，配合课题开展适应严寒气候的绿色公共建筑设计模式研究。

　　该示范项目能耗比《民用建筑能耗标准》GB/T 51161—2016同气候区同类建筑能耗的约束值降低不少于10%。

典型案例　哈尔滨华润·欢乐颂

（哈尔滨工业大学建筑设计研究院、上海域达建筑设计咨询有限公司设计作品）

　　哈尔滨华润·欢乐颂商场功能面积为8.78万m^2，占总建筑面积的66%，超市面积为1.34万m^2，占总建筑面积的10%，停车场面积为3.23万m^2，占总面积的24%。经计算，本项目的建筑能耗监测目标为：

（1）公共建筑非供暖能耗指标：121.842kW·h/（m^2·a）

（2）建筑供暖能耗指标：10.26kgce/（m^2·a）

本示范项目的测试目标

	单位	约束值	10%	测试目标
公共建筑非供暖能耗指标	kW·h/（m^2·a）	135.38[1]	13.538	121.842
建筑供暖能耗指标	kgce/（m^2·a）	11.4[2]	1.14	10.26

注：（1）根据《民用建筑能耗标准》GB/T 51161–2016表5.2.3、表5.2.4及示范建筑各功能区面积加权计算；

（2）根据《民用建筑能耗标准》GB/T 51161–2016表6.2.1-1，哈尔滨区域集中供暖选值。

本示范项目各功能面积及能耗指标计算

功能	面积（万m^2）	加权系数	能耗指标	备注
商场	8.78	0.66	175	《民用建筑能耗标准》GB/T 51161—2016，表5.2.3
超市	1.34	0.1	170	
停车	3.23	0.24	12	《民用建筑能耗标准》GB/T 51161—2016，表5.2.4
合计	13.35	1.0	135.38	—

Technology

[目的]

　　为了取得建筑微环境真实的环境数据，以便在建筑运行期间随时调整运行策略，提升室内环境品质，以达到降低建筑能耗的目的。

[监测要点]

T3-1-2-1　室外环境长期监测

　　室外环境监测可对温湿度、风向、风速、太阳总辐射量、太阳直射辐射量、PM2.5、负氧离子、雨量等因素进行长期监测。

关键措施与指标

区名	主要指标	辅助指标	各区辖行政区范围
严寒地区	1月平均气温≤−10℃ 7月平均气温≤25℃ 7月平均相对湿度≥50%	年降水量200~800mm年日平均气温≤5℃日数≥145d	黑龙江、吉林全境；辽宁大部；内蒙古中、北部及陕西、山西、河北、北京北部的部分地区

相关规范与研究

　　根据《建筑气候区划标准》GB 50178—93第3.1.1条，严寒地区冬季漫长严寒，夏季短促凉爽；西部偏于干燥，东部偏于湿润；气温年较差很大；冰冻期长，冻土深，积雪厚；太阳辐射量大，日照丰富；冬半年多大风。

T3-1-2-2　室内温湿度长期监测

　　通过建筑室内热湿环境连续监测，检验温度分区设计效果。

　　现场传感器布置位置包括：温度缓冲区、主要功能区、主要出入口及上空、中庭区。

关键措施与指标

　　建筑室内温湿度环境数据监测：获取至少12个月的建筑室内热湿环境数据，现场布置传感器，根据示范建筑设计图纸及相关文件、室内热湿环境技术要求、示范现场条件确定温湿度传感器的布置位置。数据采集间隔根据现场情况设定为15分钟至60分钟，空气温度数据精度不低于0.1℃，空气湿度数据精度不低于0.1%。

典型案例　哈尔滨华润·欢乐颂

　　（哈尔滨工业大学建筑设计研究院、上海域达建筑设计咨询有限公司设计作品）

　　针对项目建筑环境的测试分为以下几个步骤：

（1）调研有关案例，确定关键因素，确定数据采集项目。

（2）制订测试方案，部署测试设备，调试数据库。

（3）采集建筑实际运行过程中的各项关键因素数据，分析数据，将评价结果向设计方和运营方反馈。

建筑环境测试步骤示意

[目的]

通过对建筑物能耗模拟结果与建筑物实际能耗测试数据进行对比，指导建筑物运行管理，为运营策略提供决策依据。

[设计控制]

建筑能耗模拟软件是计算分析建筑性能、辅助建筑系统设计运行与改造、指导建筑节能标准制定的有力工具，已得到越来越广泛的应用。DesignBuilder是英国DesignBuilder公司开发的一款以EnergyPlus为计算核心的综合用户图形界面模拟软件，哈尔滨华润·欢乐颂项目在研究中选择DesignBuilder软件进行建筑能耗的模拟分析。具体模拟流程为：

（1）根据设计文件与现场踏勘情况，进行分层分区域建模，设置围护结构参数。

（2）选取示范地点，导入气象数据。

（3）设定典型房间的活动时间表。

（4）运行程序，得到模拟结果。

典型案例 哈尔滨华润·欢乐颂

（哈尔滨工业大学建筑设计研究院、上海域达建筑设计咨询有限公司设计作品）

模拟分析了围护结构气密性对热负荷的影响。当围护结构空气渗透量分别为0.1、0.3和0.5次/h时，建筑空气渗透热负荷、室内热源散热量和全年供暖负荷的计算结果如图所示。

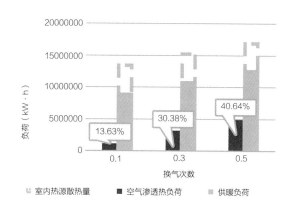

空气渗透热负荷、室内热源和供暖负荷比较分析

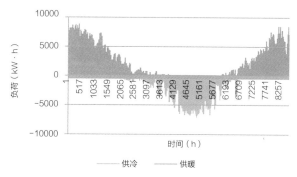

全年供冷供暖逐时负荷分析

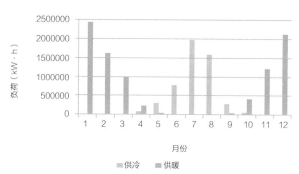

全年供冷供暖逐月负荷分析

[目的]

需设置室外环境参数和室内设计计算参数，方可进行建筑能耗模拟。

[设计要点]

T3-2-2-1 室外环境参数

开展模拟测试之前，需对室外环境参数进行设置。可采用城市气象数据，或室外环境长期监测数据。

典型案例 哈尔滨华润·欢乐颂

（哈尔滨工业大学建筑设计研究院、上海域达建筑设计咨询有限公司设计作品）

项目位于哈尔滨市，建筑气候分区属严寒A地区。夏季空调室外计算干球温度30.7℃，夏季通风室外计算干球温度26.8℃，夏季空调室外计算湿球温度23.9℃，夏季室外计算相对湿度62%；冬季空调室外计算干球温度-27.1℃，冬季采暖室外计算干球温度-24.2℃，冬季通风室外计算干球温度-18.4℃，冬季室外计算相对湿度73%，空调日平均温度26.3℃。哈尔滨冬季漫长寒冷，集中供暖时间从10月20日至次年4月20日。

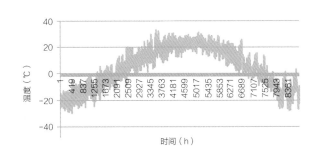

哈尔滨市全年逐时干球温度分析

T3-2-2-2 室内设计计算参数

开展模拟测试之前，应对各建筑功能区的人员密度、人员数量、室内温度、室内湿度、最小新风量、目标照度进行参数设置。

典型案例 哈尔滨华润·欢乐颂

（哈尔滨工业大学建筑设计研究院、上海域达建筑设计咨询有限公司设计作品）

哈尔滨华润·欢乐颂参数设置情况

建筑分区	人员密度人（m²）	面积（m²）	人员数量（人）	室内温度（℃）夏	室内温度（℃）冬	室内湿度	最小新风量[m³/（人·h）]	目标照度（lx）	照明功率密度（W/m²）
商铺	0.125	18603.02	2325	25	20	60	19	500	19
餐饮	0.125	11975.36	1497	25	20	60	25	200	7.1
步行街首层	0.125	6130.40	766	26	20	60	19	250	19
步行街其他层	0.125	7081.06	885	26	20	60	16	250	19
电影院	0.564	3882.27	1290	25	20	60	12	100	7.1

Technology

续表

建筑分区	人员密度 人（/m²）	面积（m²）	人员数量（人）	室内温度（℃） 夏	室内温度（℃） 冬	室内湿度	最小新风量 [m³/（人·h）]	目标照度（lx）	照明功率密度（W/m²）
卫生间	0	1131.60	0	25	20	60	—	150	11
楼梯间	0	15513.13	0	—	18	60	2次/h	100	11
超市	0.125	13351.41	1669	25	20	65	19	500	20
停车场	0	32258.99	0		5	60	6次/h	75	4.0
库房/机房	0	4269.57	0	—	14	60	8次/h	100	3.2
儿童娱乐/教育	0.125	5990.85	749	25	20	60	30	500	19

T3-2-2.3　围护结构热工参数设置

在能耗模拟软件中，设置屋面、外墙、外窗、玻璃幕墙等外围护结构的传热系数、遮阳系数。

典型案例　哈尔滨华润·欢乐颂

（哈尔滨工业大学建筑设计研究院、上海域达建筑设计咨询有限公司设计作品）

哈尔滨华润·欢乐颂围护结构热工参数设置情况

围护结构部位		选取值	
		传热系数W/（m²·K）	遮阳系数
屋面		0.31	—
外墙（包括非透光幕墙）		0.41	—
非采暖房间与采暖房间的隔墙或楼板		0.5	—
单一朝向外窗墙面积比（包括透明幕墙）	0.40＜窗墙面积比≤0.50	2.0	0.65
外门		2.0	—
屋顶透明部分		2.0	0.65
气密性		0.1次/h	

T3-2-2.4　功能房间运行时间表

根据建筑物各功能区的运行需求，设置采暖和空调运行时间表。比如，商场的运行时间为每日8:00至21:00，影院运行时间为每日10:00至24:00。根据功能区的不同，还需设置人员在室率和设备逐时使用功率。

T3-2-2.5　能耗模拟结果分析

根据模拟分析得到建筑全年供暖能耗，与《民用建筑能耗标准》GB/T 51161—2016对比时，应将单位由kW·h/（m²·a）换算为kgce/（m²·a）。主要包括供冷、照明以及设备能耗。

[目的]

了解建筑内部使用人员对建筑整体设计的空间布局、热舒适性及视觉舒适性等因素的主观感受情况。

[设计要点]

T3-3-1-1 调查样表

建议发放调查问卷，统计得到建筑使用者的热环境满意度。调查对象为建筑使用者，应覆盖建筑内部不同空间。

典型案例　哈尔滨华润·欢乐颂

（哈尔滨工业大学建筑设计研究院、上海域达建筑设计咨询有限公司设计作品）

较简单的调查问卷

问卷对应得分	-2	-1	0	1	2
评价内容	非常不满意	不满意	一般	满意	非常满意
您对所处房间的温湿度是否满意	☐	☐	☐	☐	☐

更全面的调查问卷

1. 请评价您对这个空间的热环境满意度：

认为不满意				认为满意		
非常不满意	不满意	略微不满意	中立	略微满意	满意	非常满意
☐	☐	☐	☐	☐	☐	☐
满意百分比						

2. 您希望这个空间能够：

更冷	略微更冷	无需改变	略微更热	更热
☐	☐	☐	☐	☐

3. 您如何看待这个空间的热环境：

很冷	凉	微凉	中性	微热	热	很热
☐	☐	☐	☐	☐	☐	☐

Technology

T3-3-1 2 调查分析

问卷应记录调查时刻和位置，并与室内外环境监测中该时刻及位置的数据进行对比，以便查找不满意的原因，进行调整和优化。

典型案例 哈尔滨华润·欢乐颂

（哈尔滨工业大学建筑设计研究院、上海域达建筑设计咨询有限公司设计作品）

2020年1月6日室内热环境满意度调查汇总
调查时间：2020年1月6日　　参与者人数：26位参与者

1. 请评价您对这个空间的热环境满意度：						
认为不满意				认为满意		
非常不满意	不满意	略微不满意	中立	略微满意	满意	非常满意
0	1	7	0	2	7	9
满意百分比						
69%						

2. 您希望这个空间能够（根据票数）：						
更冷	略微更冷	无需改变	略微更热	更热		
1	4	15	5	1		

3. 您如何看待这个空间的热环境（根据票数）：						
很冷	凉	微凉	中性	微热	热	很热
0	4	2	12	1	5	2

2020年10月13日室内热环境满意度调查汇总
调查时间：2020年10月13日　　参与者人数：14位参与者

1. 请评价您对这个空间的热环境满意度：						
认为不满意				认为满意		
非常不满意	不满意	略微不满意	中立	略微满意	满意	非常满意
0	0	0	4	0	6	4
满意百分比						
71.4%						

2. 您希望这个空间能够（根据票数）：						
更冷	略微更冷	无需改变	略微更热	更热		
0	4	6	3	0		

3. 您如何看待这个空间的热环境（根据票数）：						
很冷	凉	微凉	中性	微热	热	很热
0	0	1	6	6	1	0

Technology

参考文献

[1] 那云龙，车富强．高寒地区浅基础埋深问题[J]．工程地质学报，2001（02）：223-224．

[2] 孙波，宫伟，李虹，等．寒地植物冬态滞尘能力及其影响因子探讨[J]．中国农学通报，2018，34（16）：51-56．

[3] 张庆费，郑思俊，夏檑，等．上海城市绿地植物群落降噪功能及其影响因子[J]．应用生态学报，2007（10）：2295-2300．

[4] 马超颖，李小六，石洪凌，等．常见的耐盐植物及应用[J]．北方园艺，2010（03）：191-196．

[5] 温丹丹，解洲胜，鹿腾．国外工业污染场地土壤修复治理与再利用——以德国鲁尔区为例[J]．中国国土资源经济，2018，31（05）：52-58．

[6] 闫水玉，杨会会．近代美国规划设计中生态思想演进历程探索[J]．国际城市规划，2015，30（S1）：49-56．

[7] 赵寅钧．浅析寒地城市地下商业空间设计——以哈尔滨红博广场地下商业为例[J]．四川建筑，2011，31（01）：67-69．

[8] 周旭，李松年，王峰．探索城市地下空间的可持续开发利用——以多伦多市地下步行系统为例[J]．国际城市规划，2017，32（06）：116-124．

[9] Chan C L．The City Under the City：In/to the PATH[D]．The University of Waterloo，2015．

[10] 张艾欣，刘杨庆．西方国家冰雪资源利用现状与发展趋势探讨[J]．建筑与文化，2018（02）：174-175．

[11] 冷红．寒地城市环境的宜居性研究[M]．北京：中国建筑工业出版社，2009．

[12] 李玉鹏，李立波，刘延明．浅谈影响基础埋深的主要因素[J]．中国新技术新产品，2011（11）：90-91．

[13] 蒋存妍，冷红．寒地城市空中连廊使用状况调研及规划启示[J]．建筑学报，2016（12）：83-87．

[14] 韩冬青，顾震弘，吴国栋．以空间形态为核心的公共建筑气候适应性设计方法研究[J]．建筑学报，2019（04）：78-84．

[15] 梅洪元．寒地建筑[M]．北京：中国建筑工业出版社，2012．

[16] 李榕榕，程晓喜，黄献明，等．基于日照影响下冷热负荷计算的公共建筑"最佳朝向"反思[J]．建筑学报，2020（11）：99-104．

[17] 宋修教，张悦，程晓喜，等．地域风环境适应视角下建筑群布局比较分析与策略研究[J]．建筑学报，2020（09）：73-80．

[18] 孙成仁，杨岚，王开宇，等．寒地城市园林空间环境的设计与创造[J]．中国园林，1998（05）：51-53．

[19] 杨文博．严寒地区硬质铺装在景观设计中的应用研究[D]．沈阳：沈阳建筑大学．2015．

[20] 袁青，冷红．寒地城市广场设计对策[J]．规划师，2004，20（11）：59-62．

[21] 2016 ASLA通用设计类荣誉奖：兼具防洪与休闲功能，多伦多Corktown公园 / Michael Van Valkenburgh Associates[EB/OL]．（2016-11-01）[2021-5-17]．https：//www.goooood.cn/2016-asla-corktown-common.htm

[22] 冷红，罗紫元，袁青．寒地城市大型商业建筑室外视觉景观满意度分析[J]．建筑学报，2020（S2）：73-77．

[23] 韩冬青，顾震弘，吴国栋．以空间形态为核心的公共建筑气候适应性设计方法研究[J]．建筑学报，2019（04）：78-84．

[24] 朱宁．基于微气候环境改善的寒冷地区建筑周边绿化研究[D]．北京：北京建筑大学，2020．

[25] 姚春晓．沈阳垂直绿化植物调查与综合评价[D]．沈阳：沈阳农业大学，2016．

[26] 张博，王海鹏，闫沛祺，刘秋兵，张广平. 严寒地区高效能屋顶技术策略[J]. 江西建材，2015（15）：97+102.

[27] 张曦元，徐镜适. 对严寒地区大学生的心理状态及室内绿化好感调查[J]. 建筑与文化，2020（01）：171-172.

[28] 李玲玲，张文. 严寒地区建筑气候适应性设计研究——以哈尔滨华润·万象汇为例[J]. 建筑技艺，2020（07）：50-53.

[29] 孙澄，梅洪元. 严寒地区公共建筑共享空间创作的探索[J]. 低温建筑技术，2001（02）：13-14

[30] 乔林. 结合冰上运动的综合体育馆内场空间设计研究[D]. 哈尔滨：哈尔滨工业大学，2019

[31] 王太洋. 基于能耗的严寒地区商业建筑空间布局气候适应性设计研究[D]. 哈尔滨：哈尔滨工业大学，2019.

[32] 韩培，梅洪元. 寒地建筑缓冲腔体的生态设计研究[J]. 建筑师，2015（04）：56-65.

[33] 张冉. 严寒地区低能耗多层办公建筑形态设计参数模拟研究[D]. 哈尔滨：哈尔滨工业大学，2014.

[34] 王太洋，罗鹏，聂雨馨. 基于风环境模拟的东北严寒地区商业建筑入口前庭空间形态研究[J]. 低温建筑技术，2019，41（04）：15-18.

[35] 张帆，张伶伶，李强. 大空间建筑绿色设计的腔体导控技术[J]. 建筑师，2020（03）：85-90.

[36] 张彤. 绿色北欧：可持续发展的城市与建筑[M]. 南京：东南大学出版社，2009.

[37] 曾嘉. 光舒适导向下的寒地高大集中阅览空间中庭形态设计研究[D]. 哈尔滨：哈尔滨工业大学，2019.

[38] 乔正珺. 不同气候区中庭布局和朝向对办公建筑负荷和能耗的影响[J]. 绿色建筑，2020，12（04）：20-24.

[39] 孙澄，梅洪元. 严寒地区公共建筑共享空间创作的探索[J]. 低温建筑技术，2001（02）：13-14.

[40] 蔡浩. 严寒地区商业综合体外部空间设计研究[D]. 长春：吉林建筑大学，2016

[41] 张鹏举. 平实建造[M]. 北京：中国建筑工业出版社，2016.

[42] Depecker P，Menezo C，Virgone J，et al. Design of Buildings Shape and Energetic Consumption[J]. Building & Environment，2011，36（5）：628.

[43] 马宇婷. 寒冷地区公共建筑整体形态被动式设计策略应用研究[D]. 天津：天津大学，2018.

[44] 袁路. 以节能为导向的严寒地区体育馆屋盖形态设计研究[D]. 哈尔滨：哈尔滨工业大学，2018.

[45] 黄丽蒂，王昊，武艺萌，等. 基于CFD的某校园宿舍区室外风环境模拟分析和优化设计[J]. 建筑节能，2019，47（01）：71-76.

[46] 梅洪元，王飞，张伟玲，等. 寒地建筑研究中心[J]. 建筑学报，2015，566（11）：70-73.

[47] 梅洪元，王飞. 平凡表达——寒地建筑研究中心创作思考[J]. 建筑学报，2015，566（11）：74-75.

[48] 杨易，钱基宏，金新阳. 大跨屋盖结构雪荷载的模拟研究[C]//第十四届空间结构学术会议论文集. 2012.

[49] 马宇婷. 寒冷地区公共建筑整体形态被动式设计策略应用研究[D]. 天津：天津大学，2018.

[50] G·Z·布朗，马克·德凯. 太阳辐射·风·自然光：建筑设计策略[M]. 常志刚，刘毅军，朱宏涛，译. 北京：中国建筑工业出版社，2008：89.

[51] 马宇婷. 寒冷地区公共建筑整体形态被动式设计策略应用研究[D]. 天津：天津大学，2018.

[52] 刘加平，谭良斌，何泉. 建筑创作中的节能设计[M]. 北京：中国建筑工业出版社，2009：38.

[53] 郑玉瑭. 严寒地区低能耗建筑节能的几点探讨[D]. 哈尔滨：哈尔滨工业大学，2007.

[54] 虞丽丹. 严寒地区空气型光伏光热墙体系统综合性能研究[D]. 哈尔滨: 哈尔滨工业大学, 2015.

[55] 侯旺. 考虑表面凸起的高层住宅风致舒适度概率模型研究[D]. 哈尔滨: 哈尔滨工业大学, 2019.

[56] 赵洋. 基于低能耗目标的严寒地区体育馆建筑设计研究[D]. 哈尔滨: 哈尔滨工业大学, 2014.

[57] 李静. 基于系统优化的高校体育馆自然采光和通风节能设计研究[D]. 哈尔滨: 哈尔滨工业大学, 2010.

[58] 陈德龙. 严寒地区既有公共建筑外墙改造研究[D]. 哈尔滨: 哈尔滨工业大学, 2017.

[59] 申光焱. 严寒地区既有公共建筑外窗综合性能优化研究[D]. 哈尔滨: 哈尔滨工业大学, 2017.

[60] 彭琛, 燕达, 周欣. 建筑气密性对供暖能耗的影响[J]. 暖通空调, 2010, 40 (009): 107-111.

[61] 张廷冬. 严寒地区既有公共建筑屋面改造评价研究[D]. 哈尔滨: 哈尔滨工业大学, 2017.

[62] 张荣冰. 北方寒冷地区公共建筑形体被动式设计研究[D]. 济南: 山东建筑大学, 2017.

[63] 王洲. 利用建筑蓄热特性进行供热调节的初步研究[D]. 哈尔滨: 哈尔滨工业大学, 2016.

[64] 王太洋, 罗鹏, 聂雨馨. 基于风环境模拟的东北严寒地区商业建筑入口前庭空间形态研究[J]. 低温建筑技术, 2019 (4).

[65] 崔泽锋. 建筑遮阳方式研究[D]. 哈尔滨: 哈尔滨工业大学, 2008.

[66] 邱麟. 基于自然通风模拟的严寒地区开放式办公设计研究[D]. 哈尔滨: 哈尔滨工业大学, 2015.

[67] 赵雯, 杨春宇, 向奕妍. 建筑饰面材料反射比对视觉空间的影响——以重庆大学教学楼卫生间为例[J]. 灯与照明, 2015 (02): 24-26, 32.

[68] 李凌云, 张宝刚, 赵建生. 非采暖空间节能设计研究[J]. 建筑节能, 2015 (10): 55-57.

[69] 段飞, 乔刚. 被动式超低能耗建筑气密性设计研究[J]. 建材与装饰, 2018 (51): 68-69.

[70] 宋悦, 梅洪元. 自然采光条件下复杂屋盖形态的体育馆采光口防眩光研究[J]. 建筑与文化, 2021 (02): 229-231.

[71] 刘晓宇. 严寒地区建筑玻璃幕墙能量性能研究——以哈尔滨地区为例[D]. 哈尔滨: 哈尔滨工业大学, 2019.

[72] 余亮. 传统民居屋顶形态生成的自然选择作用与影响探究[J]. 建筑师, 2015 (03): 66-70.

[73] 梁斌. 基于可持续思想的寒地建筑应变设计策略研究[D]. 哈尔滨: 哈尔滨工业大学, 2015.

[74] 卓刚. 关于高层建筑设备用房设计的思考[J]. 新建筑, 2014 (06): 91-93.

[75] 严华夏. 严寒地区低能耗建筑多种能源互补的供暖供冷系统[D]. 哈尔滨: 哈尔滨工业大学, 2013.

[76] 刘岩. 严寒地区民用建筑屋面有组织排水优化设计研究[D]. 哈尔滨: 哈尔滨工业大学, 2015.

[77] 冷红, 袁青. 寒地城市夜景照明规划与设计[J]. 哈尔滨工业大学学报, 2004 (11): 1543-1546.